凝动之间：建筑与音乐

王亦民　著

ZHEJIANG UNIVERSITY PRESS
浙江大学出版社

内容提要

建筑和音乐都是以物质性的组织方式对人类生存环境的补充和创造,因而它们的表现就具有出自本源的相似特点。建筑和音乐的关联表现在语言、结构、符号、动力性等方面,无论是在古代、在巴洛克时代还是现今,建筑和音乐的互动总是发生在人们身边。

Both architecture and music are the supplement and creation of human living environment by material organization. Therefore, their performance has the similar characteristics of origin. The relationship between architecture and music is manifested in the aspects of language, structure, symbol and dynamic. Whether in ancient times, in the baroque era or today, the interaction between architecture and music always takes place around people.

音像视频演示简介与立方书使用说明

为能够通俗、形象、直观地讲解建筑和音乐关联的问题,自2012年始,作者在设计院的建筑师沙龙和一些设计业的活动中,以"初解建筑和音乐"为题,进行了数次演示交流。现以2016年4月在清华大学建筑学院的讲演视频为基础,将内容编排为3个部分:

第1部分:凝固与流动的遐想,从"数"的关联到建筑场、音乐场

古代西方和东方　关于建筑和音乐　建筑和音乐对人的作用　物质性的建筑场、音乐场　编织的能量元

音乐摘例有:古希腊音乐,德彪西《雨中庭院》,穆索尔斯基《图画展览会——基辅大门》,雷斯皮基《罗马三部曲》,中国古曲《阳关三叠》,五度相生演示,音乐和建筑编织的演示。

第2部分:建筑和音乐的编织结构、符号与动力感

非语义物质性符号的意义　动机和母体　外形和旋律　轻和重　亮和暗　快和慢　柱式织体　基础与贝斯　重复与模进　色彩与虚实　动感和触觉

音乐摘例有:拱形旋律,肖邦《波罗乃兹舞曲》,奥芬巴赫《船歌》,柴可夫斯基《胡桃夹子》,贝多芬《D大调小提琴协奏曲》,《满江红》,《小河淌水》,《阿尔罕布拉宫的回忆》。

第3部分:从巴洛克到现代——建筑与音乐互动的回顾和展现

回望文艺复兴　后进的音乐　建筑音乐共舞的巴洛克时代　伯尔尼尼与巴赫　里伯斯金与柏林犹太人博物馆　建筑和音乐中的等音转换　建筑思考与音乐的互动

音乐摘例有:文艺复兴音乐,建筑式的音乐《卡农》,巴赫《c小调托卡

塔》,《辛德勒名单》音乐,等音转换乐例,转调示例:赵元任《教我如何不想她》,江南丝竹音乐,孔府雅乐,格什温《蓝色狂想曲》。

以上"初解建筑与音乐"视频演示采用立方书形式。阅读本书时可以不同方式选阅下列二维码(下载"立方书"APP,扫码选播)。

1. "初解建筑与音乐"视频全本播放。时长1小时46分。

2. 第一部分　时长40'09s

3. 第二部分　时长37'19s

4. 第三部分　时长24'14s

5. 书页中定位的27处片段视频:片段内容和时长注明在二维码下面,定位见书页内容相应位置。

xxxxx
0'00s

前　言

在不同艺术门类的关联和比较中，建筑和音乐之间的关联也许是最常被关注的一种。当人们走近建筑、聆听音乐时，时常会发生某种对比和联想，并引发一些感触和思考，于是人们就常会赞同德国哲学家谢林所言："建筑是凝固的音乐。"

关于建筑和音乐的对照和联想，其实是一个古老的话题——从古希腊的神话故事到中世纪的教士们的议论，从黑格尔关于"数"到谢林关于"节奏、几何、代数"等哲人之说，还有那历代无数文人的感慨。关于音乐和建筑，还流传着许多虚实委然的故事，它们都是历代音乐或建筑的实践者和创造者在生活、思考、追求中擦出的火花。这说明建筑和音乐的话题确实有其互动的空间，在生活、审美、文化体验和艺术探索中都很有出彩的机遇。也有人对这种说法感到无从理解，认为静止的建筑和动态的音乐是完全不同和不相干的两件事。的确，在关心音乐和建筑的人中间，只有一部分人感觉或注意到了这种关联，并且只是在一些现象和直觉的范畴中，有些感受甚至一时还难以描述，所以也往往不易交流和传达。

从古至今，建筑和音乐一路同行，两者之间发生一些对比或呼应的现象，其中包含着深刻的社会背景。由于历史因素和文化结构的复杂性，两者发生的对比或呼应的某些表现是隐约、曲折或错时出现的，因此还不容易简单对位。但对建筑和音乐共同在艺术题材和形式上的关联表现，现在已有了广泛的认同。它们还可能不断被发掘，成为建筑和音乐携手生辉的亮点。这些亮点也可能为音乐家、作曲家和建筑师所汲取，成为公众共同接受的美感。

建筑音乐之间的比较思维也一定会涉及建筑和音乐之间看似对立和背离的方面，譬如除了建筑为静、音乐为动的表现，还有音乐为听觉与建筑为视觉的感知传达的不同，也即有形和无形、有声或无声的表现。音乐和建筑还有轻和重、飘忽和恒久的重大对比等等。问题在于，是否能透过这些对比看到建筑和音乐在更深层的关联本源。

在黑格尔和谢林之后的这两个世纪，科学技术的发展和普及使人们开始从现代科学如现代物理学、生理学和心理学的视角来理解建筑和音乐与人的关系。20世纪以来，世界的建筑观念和理论把对建筑的认识更多从视觉形象转变到更注重整体和环境、场所的感受，不仅在视觉方面，而且在人的多维感官体验以及更深一层的心理感受方面，其中也包括了人体验建筑所经历的时间动力过程。当然，回想人类过去的体验感受，可以发现这些都并不陌生，只是我们正在加深认识它们。而在音乐的感受方面，音乐的旋律、音高、速度、力度、节奏等可计量的元素，也随着心理效应的扩展引向了对音乐的色彩、空间和动力感觉的日益关注。这些都在告诉我们：建筑和音乐之间的关联还有可探究的更为广阔的空间。

"建筑和音乐"的话题是一个需要面对许多跨界听众的话题。跨界，意味着让每一位关心、爱好建筑或音乐的，专业或非专业的普通读者都能进入我们的讨论。在此，我们面对的不是一本理论书，但涉及一些理论的边缘；不深入一些艺术或技术的专业，但也触及了这些专业或技术的窗槛和门头；若当作一本科普读物来看，其中又涉入了一些历史文化和艺术的话语。故此,本书我们力避生涩,免用过多的专业术语,发话者好似站在建筑和音乐两个毗邻的家院的门前,希望所说的话语不仅能为两家人听懂,还能让有心的众人也能听清,增进对建筑和音乐更多的关心与理解。本书音乐的选例和叙述尽可能浅显直观,并且附有一些影音演示,以"立方书"的形式供整体或片段阅读。

大半生在建筑师工作中运筹和劳作,在辛勤劳作和冥想之际,常有音乐伴我身旁。音乐不仅给我怡悦,更引领我的思绪走向活跃、开拓和美好。面对古今中外林立的建筑、浩瀚的音乐,一千个人可有五千种对建筑和音乐相关的联想,本书中呈示的只是我所经历的那一些感悟。为了说明建筑和音乐关联的普遍性,书中也着意选择了一些中国传统和本土的例证,这也是向世界传递多元文化之美普遍规律的一个方式。

作为一名在建筑设计工作前沿的建筑师,能够在十几年前把注意力分配到对建筑和音乐关联的思考上去,这里要首先感谢我在清华大学的两位老师:李道增院士和关肇邺院士,最初是他们的支持和鼓励推动我启动了这一课题;还要感谢我少年时代以来的音乐家同学、朋友,他们是:陈朗秋、司徒璧春、邱悦、盛中华、范元绩和姚方正;还有我的众多建筑学的同学、同行,他们是:庄惟敏、左川、金笠铭、金柏苓、朱嘉广、吴持敏、王诂、叶兴华、黄运升,还有唐葆亨、方子晋、许世文、蒋雯、谷坚、姚之瑜、叶长青、余国民、王炜民,还有历年来工作中设计团队的同事们。在我对建筑和音乐问题不断思索的这些年月中,那不计其数的交谈、聚会和那些或长或短的电话、书信、文稿、网络的往来,以及数次专题讲座的交流等等,都给我以极大的鼓舞和丰厚的支持。特别感谢姚方正学友着重在音乐方面为书稿所做的校勘。特别感谢我的妻子章嘉葆在这漫长的十多年中,对我这项劳作所表现的与日俱增的理解和付之以辛劳的支持。感谢我的建筑师同行的女儿王以邃在工作中给我的多方技术支援。望今日这些成果没有辜负朋友和亲人们给我的关心和所寄予的期望。

由于资料吸收和积累所经历的年月漫长，以致少量早年收集的文献资料未能查明出处而被引用，在此对原拥有者一并致谢。笔者深感在写作中目标和能力间的差距，在行文和资料方面可能存在种种缺失，敬请见谅。

王亦民

2018年10月

目 录

第一章
穿越数的遐想

　　建筑和音乐之间有什么联系？当我们看到万里长城,仰望西藏布达拉宫或现代都市的摩天高楼,会感到建筑是那样宏伟和永恒。而音乐,却一时在空气中掠过,转眼就消失得无影无踪。有人会觉得建筑和音乐并没有什么相干,但是人们也可能知道,1809年德国哲学家谢林(图1-1)在他的《艺术哲学》中写下了这样的名言:建筑犹如凝滞的音乐。与此相对,一位德国音乐家豪普

图1-1 德国哲学家谢林
(1775—1854)

德曼也在他的著作《和声与节拍的本性》中说道:音乐是流动的建筑。名言的流传,让这个话题存留在很多人心中。

　　早在古希腊时代,人们就已感受到建筑美和音乐美的联系。希腊神话中,音乐之神俄耳甫斯是太阳神阿波罗的儿子。他演奏的七弦琴有神奇的魅力,不仅可以感动野兽,甚至可以使树木、岩石被催眠。当俄耳甫斯在一个空地上演奏他的七弦琴,空地上竟然按他琴声的节奏由木材和石头形成了一组建筑,这是在广场周围出现的一个市场。演奏过后,音乐的旋律和节奏就凝固在这座建筑上,化成了建筑的比例和韵律,于是人们

可以在这个由音乐凝成的建筑空间里漫步,回旋在永恒的音乐之中。这个故事可见于宗白华《美学散步》[2]。建筑和音乐间的联系早就引起古代智者们的思考,俄耳甫斯的故事仅是一个希腊神话中的表述(图1-2)。

图1-2　古希腊神话中演奏里拉琴的俄耳甫斯和伊利西斯[希腊工艺瓷盘]

图1-3　古希腊哲学家、科学家毕达哥拉斯(前580—前500)

　　音乐在古希腊是艺术之首,是一项严肃的公共的事业,和古希腊建筑的柱式同时代,也都有着系统的理论。公元前6世纪,古希腊哲学家毕达哥拉斯(图1-3)首先以数学比例来研究音乐。他测量铁锤、铁钻的尺寸大小,经过试验发现发音体呈一定的重量比例关系并影响着声音频率的和谐关系。他又经过在独弦琴上试验,找到了琴弦长短与音声的数学比例关系,提出"音高与弦长有一定关系"，这就是著名的毕达哥拉斯定律。毕达哥拉斯发现，弦长比例愈简单，发出的声音愈和谐。当在一根张紧的弦上按下一个音，除了弦长之比成倍数的八度音，还有比例为2∶3的五度音。根据把弦长进行2∶3连续分割的实验与计算即以5度音程连续递进，而出现了一系列乐音，由此提出了五度相生律（二维码：五度相生律）。根据五度相生律，可以从主音1-do开始，依次向上找到音阶中的第5音so（即"属音"）、第2音re、第6音la、第3音mi、第7音ti；同样可以向下5度，推算出"下属音"即自然音阶中的第4音fa等等。这就是五度相生而生成音阶的解说（图1-4）。

图1-4　毕达哥拉斯用铁钻、水杯拨弦和吹管研究音乐的发声［资料转引自张宇、王其亨文］

do　so　re　la　mi　ti　♯fa　♯do ------

fa

五度相生律
1′16s

在琴弦上按住一个点，弦长比例与音程的关系是：1∶2为八度音，2∶3为五度音，3∶4为四度音。这些音程被认为是完全协和的音程。而六度音程3∶5，三度音程4∶5，在当时被认为是不完全协和的音程；二度音程8∶9，七度音程8∶15，则属于不协和的音程。

毕达哥拉斯《和谐篇》提出：智慧是数，和谐是美；人体和音乐之所以都是最高的美，其根本在于和谐，并指出创造美就要使对立因素呈现和谐的统一，把杂多引导至统一，把不协和引导至协调等等。古希腊的毕达哥拉斯定律仅仅是在欧洲音乐中运用数学的比例发展音乐的音律调式理论的一个源头。毕达哥拉斯学派是一个集数学、物理、天文、音乐于一身的学术团体。"黄金分割"理论也是毕达哥拉斯学派首先提出的，它至今仍是建筑和美术的一个重要基点。

虽然对古代音乐的起源存在多种推想，但无疑的是人类因相互交流需要而发出语音和呼唤，也是因他们的精神需要而运用嗓音或器具创造了音乐。在人类文明发展中，就像离不开建筑一样，人类也离不开音乐。建筑和音乐不仅给人类提供了环境的庇护与美好的心情，还可以为人群和社会营造某种可以导向和谐与秩序、力量与意志或崇拜与追求的精神。于是，在古代，无论东、西方社会，对于建筑和音乐的制度都十分重视，尤其在音乐中，对乐理、音律、和声有十分专注的研究，不仅把音乐作为专门之学，而且还把它严肃地提高到道德、礼教和治国的高度。

约公元前700年的古代希腊有两种主要的乐器：阿芙罗斯管和里拉琴。阿芙罗斯管音色尖利而响亮，常伴于舞蹈、合唱、阅兵和进军；而里拉琴则庄重、温和，常用于弹唱或为英雄赞歌的伴奏（图1-5，二维码：古希腊歌唱——里拉琴）。

图1-5　古代希腊人的音乐生活景象，有阿芙罗斯管和里拉琴［希腊工艺瓷盘］

古希腊歌唱——里拉琴
1'15s

毕达哥拉斯的五度相生律还引出了包括多利亚、弗利几亚、利第亚调式及其变体的希腊音乐调式。不同的调式有不同的音阶结构，呈现不同的音乐情调和性格，依当时的规则运用于不同的场合与目的，如庆典、征战、史诗、抒情诗和悲剧等（图1-6）。古希腊音乐理论家已经看到，每一种

从古希腊到中古音乐调式的音阶结构

伊奥利亚（Ionian Mode）：	1 2 3 4 5 6 7	＝大调音阶
多利亚（Dorian Mode）：	1 2 ♭3 4 5 6 ♭7	＝2 级音阶
弗利几亚（Phrygian Mode）：	1 ♭2 3 4 5 ♭6 ♭7	＝3 级音阶
利第亚（Lydian Mode）：	1 2 3 ♯4 5 6 7	＝4 级音阶
混合利第亚（Mixo-lydian Mode）：	1 2 3 4 5 6 ♭7	＝5 级音阶
艾奥里亚（Aeolian Mode）：	1 2 ♭3 4 5 ♭6 ♭7	＝小调音阶
罗克里亚（Locrian Mode）：	1 ♭2 ♭3 4 ♭5 ♭6 ♭7	＝7 级音阶

图1-6 古希腊的调式的数学结构一直延伸到欧洲中古时代，而不同的调式数学结构普遍存在于世界各民族地域的音乐传统中［网络资料］

调式都有不同的情感和伦理特性。亚里士多德认为：多利亚是坚定的、富于男子气概的，弗利几亚是激发热情的，利第亚则带有感伤意味。古希腊音乐中不同音色和不同调式，就像建筑的多立克、爱奥尼、柯林斯柱式一样（图1-7），它们因造型、比例和细节不同，而用在不同身份的建筑，即不同目标的用途中。

希腊古典柱式

柯林斯

爱奥尼

多立克

图1-7 古希腊的三种柱式：多立克柱式、爱奥尼柱式、柯林斯柱式。本图以同一人体和台基高度说明这三种柱式的样式比例和形象对照［网络资料］

图 1-8　希腊雅典，帕特侬神庙线条透视[网络资料]

古希腊的建筑在公元前 12 世纪就已经发展起来，当初使用的是砖、木材，还有芦苇，到公元前 7 世纪开始较多地使用石材，原来用芦苇捆在一起做成的束柱，就演变成了有凹槽的柱式造型，而石建筑檐下的方形小齿则是木屋面椽头留下的形象（图 1-8）。逐渐成熟的古希腊建筑在数学比例上终于形成了一定的规则，早期木结构时代檐下梁端的三陇板在演变为石结构之后，成为整个建筑的尺度基本单位。在柯林斯柱式的奥林匹亚宙斯神庙（图 1-9）中，三陇板宽度为 1，则陇间壁宽为 3/2，柱底径为 5/2，柱间距为 5 等。多立克柱式柱高为柱径的 4~6 倍，象征男性刚强。象征女性柔和的爱奥尼柱式，则以不同比例关系来表现，柱高和柱径之

图 1-9　柯林斯柱式，希腊雅典宙斯神庙遗址[作者自摄]

间的比例为9～10倍。一个显得朴拙粗壮,一个则修长婀娜。希腊古典建筑就是在成熟的柱式比例和结构模数的基础上,成为欧洲建筑艺术的经典。这种建造上成熟的数学关系,和音乐中的数字比例形成了鲜明的呼应。对于音乐和建筑的构成,谢林在《艺术哲学》[2]中反复指出:"建筑艺术,作为雕塑(中)的音乐,如同音乐将节奏、和声旋律范畴纳入自身。"又说:"多立克柱式重在节奏,爱奥尼柱式重在和谐,柯林斯柱式重在旋律。建筑艺术的旋律部分,产生于节奏成分与和谐成分之复合",指出它们"必须遵照几何比例",并且"同样又是代数的比例"。这就把建筑和音乐的联系扩展到节奏、和声等方面。

实际上,在古代世界各地各民族中,有各种音阶和调式体系,世界上不仅有袭用4声、6声音阶的民族或部落,甚至还有更特殊的民族音乐结构体系,它们都拥有各自的数字规则(图1–10)。中华民族直到近代还是沿用着5声音阶的调式。中国古代音乐文化传统中,为进行图腾崇拜、宗教活动,需要统一乐器的音高,而有了黄帝令伶伦造律的记载(《吕氏春秋·仲夏纪五·古乐》)。和五度相生类似,中国历代学者建立的以"三分损益"为基点的中国音乐管律文化,最早见于公元前7世纪齐国丞相管仲《管子·地员》篇中。从8000年前先民的骨笛到后来历代的竹笛、铜笛,说明了数学运用在中国古代音乐发展中的精深。例如,关于中华传统音乐中音阶的生成规则,汉代刘安的《淮南子·天文训》中有:"一律生五音,

图1–10 东汉抚琴陶俑(25—220)[展览会照片]

十二律而为六十音。"又如《吴氏春秋·圜道》中："今五音之无不应也,其分审也。宫、徵、商、羽、角,各处其处,音皆调均,不可以相违,此所以无不受也。"其中宫、徵、商、羽、角,也是按五度音程递推生成的音阶,按中国"律学"就叫"三分损益"法。其结果若按音阶排列则成为"宫—商—角—徵—羽"的五声音阶:1(do)—2(re)—3(mi)—5(so)—6(la),由此形成的对应5种中国调式,与古希腊相似。"宫、徵、商、羽、角,各处其处",就是规定不同的调式应用于不同的场合与目的,比如,"宫"音1(do)为五音之主。《国语·周语下》有:"夫宫,音之主也,第以及羽。"《礼记·乐记》曰:"声音之道,与政通矣。宫为君,商为臣,角为民,徵为事,羽为物。五者不乱,则无怗懘之音矣。"宋张炎《词源·五音相生》亦曰:"宫属土,君之象……宫,中也,居中央,畅四方,唱施始生,为四声之纲。"如果说古希腊神庙的性格等级表现在柱式上,那么中国古代建筑的性格等级则是以门面的间数以及屋顶的格式表现。屋顶如庑殿、歇山、悬山、硬山等依次用于皇家、官府和民间,不可逾越(图1-11)。在建筑和音乐的类型和特色对应社会功能的规则上,中西文化是基本相通的。然而,虽然有五音的制度,但在两千多年前,中国湖北随州楚文化的曾侯乙65口编钟

庑殿

歇山

悬山

硬山

图1-11　四种主要的中国传统建筑屋顶样式,分别为:庑殿、歇山、悬山和硬山[自摄照片]

已经有了按十二个半音的排列，已能够演奏西方古典音乐乐曲的丰富和声。我国音乐家傅聪为此感叹：当年"不知是用来演奏什么音乐的"！这一套编钟反映了中国古代音乐数学和律学、乐感和技术上的成就（图1-12，二维码：曾侯乙编钟）。

曾侯乙编钟
28s

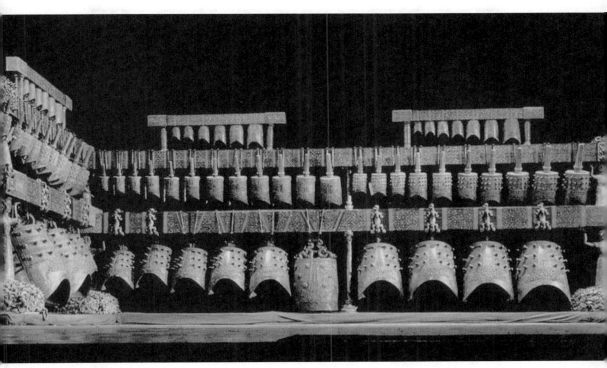

图1-12　中国湖北随州楚文化的编钟，在两千多年前，这65口铜钟已经有了按十二个半音的排列［网络资料］

在古代中国的建筑营造中，对建筑木作为营建的取材和构造的规则并不都用绘图表达，而是大量运用了系列且规范的数字口诀语言。在营造法式中，"斗口"是构件和尺度计算的基本模数，它使得建筑的经济、合理、协调都易于控制。千百年来中国传统木结构建筑中的梁柱、斗拱、出檐的规格和等级，都在约定的数字口诀的控制之下(图1-13)。

可见，自古以来，除了天文历法和度量衡，无论在东方还是西方，数学在建筑和音乐中都发展得非常系统和精深，它们的运用和表现方式也非常相像。正如德国哲学家黑格尔所说，建筑和音乐的比例"都可归结到数"[40]。

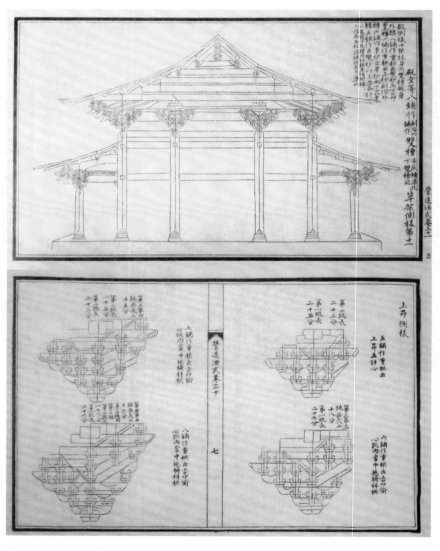

图1-13　宋式《营造法式》，北宋李诫修编(1101—1125)大木作制度图样，图形、文字、数据的系统表达[作者搜集资料]

20世纪,中国著名的建筑学家梁思成(图1-14)曾用一幅北京天宁寺塔的图形配上五线谱的音符,来说明层层塔身和音乐节奏的对照。在分析建筑节奏和韵律时,还用"柱、窗;柱、窗;……"和"柱、窗、窗;柱、窗、窗;……"来对照音乐中出现的2/4拍或3/4拍的节奏。这就是梁思成先生向人们讲解有关建筑和音乐相关联的经典示例(图1-15)。

图 1-14　中国建筑学家梁思成(1901—1972)[摄自清华大学]

虽然从现存可见的物质遗产来看,古代希腊和罗马的建筑都拥有音乐所不能比拟的成就,但是自古以来音乐都更有其神圣的地位,音乐作为一门科学被列为欧洲传统文化精髓的"七艺"之一。在科学尚不发达的时代,以毕达哥拉斯定律为基础的抽象的音乐数学,比具象的建筑比例有着更多的神秘和未知性;而在数字比例与和谐的关系上,音乐表现出更为神奇高超的精确性。正如英国学者彼得·史密斯所说,人们对于建筑之美用眼睛在估量比例方面,比耳朵感知和谐方面的容差性更大一些。视觉上6%的偏差,大脑是难以辨别的,而音乐中的偏差和失谐对于听觉却分毫毕现。[27]也就是说,虽然在古代希腊和罗马的经典建筑中对于比例、模数和精细的构造的视觉分析是多么成熟,但是

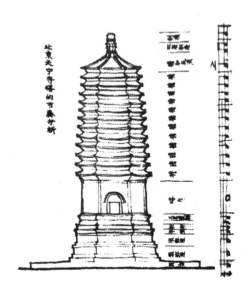

图 1-15　梁思成先生画的北京天宁寺塔的节奏分析[13]

人们凭视觉精确判别建筑中的精确度的能力,还是远不及人耳辨别音高、音准和把握半音或更细微的分音的能力。当人们尚不能通过科学来认识声音中的数的奥秘时,就难免求助于神灵。所以,人们在中世纪甚至被告知哥特建筑和音乐的美都是神的赐予。音乐理论和乐谱是属于教会和主教控制的神秘领域,而教堂的建筑师也被看作是精通神圣的和谐法则的人。奥古斯丁(345—430)在他的《论音乐》中,把数字和比例当作一条通道,引领着读者离开音响的物质世界。当时,数字和大自然的关系几乎是科学的全部。也可以说,在古代因为物理学、心理学尚未发展,人们的思考首先只关注于"数"的表现上,这种观念一直延续到欧洲文艺复兴的繁荣之后。

自古以来,音乐拥有在感知方面无影无形、无法度量和记录,又难以描述的抽象特性,以它的美好动人而超越所有形象艺术——包括建筑,成为可望而不可即的梦幻境界。同时,又由于交流和研究音乐的需要,人们会借助语言的比喻或运用美术或建筑的形象和术语,来描述对音乐的体验,所以至今我们可以在人们的词语中看到一些十分重要的术语是建筑和音乐所共用的,这都是在建筑和音乐漫长年代的交流中形成的。建筑和音乐,就像两棵并生的大树,它们枝繁叶茂,虽不同根,却在空间中互相交织在一起,它们的枝叶和果实甚至难辨你我,使人们在它们之间看到了无穷相似和联系。

而对于体验音乐,德国诗人歌德说过:"建筑引起的心情很接近音乐的效果。"法国音乐家德彪西在描述音乐时,也曾把旋律节奏的变化、力量和感情的发展说成是"建筑式的感情",因为"它使人联想到建筑物线条相似的美"。德国哲学家和诗人尼采也曾说:"每当我寻找一个词来代表音乐的时候,我的脑海中浮现的总是威尼斯。"20世纪的现代作曲家斯特拉文斯基也说道:"我们在音乐里所得到的感受,和我们在凝视建筑形式时的感受是完全相同的。"[13]宗白华先生在《中国古代的音乐寓言与音乐思想》一文中十分精辟入微地阐述了"音乐和建筑和生活的三角关系",指出:"音乐和建筑里的形式美不是空洞的,而正是最深入地体现出心灵所把握到的对象本质,就像科学家用高度抽象的数学方程式探索物质的核心那样。"(2)

在古代中国,《左传·昭公二十年》记载有晏子答齐侯曰:"先王之济五味,和五声也,以平其心,成其政也。声亦如味,一气、二体、三类、四物、五声、六律、七音、八风、九歌,以相成也。清浊、小大、短长、疾徐、哀乐、刚柔、迟速、高下、出入、周疏,以相济也。君子听之,以平其心。"晏子这段话不仅涉及了音乐和数的关系,而且还有音乐给人的多种感受,包括气息、空间、运动以及心理的感受,已经可以使人们把对音乐的感觉扩展到天地和人心的多方面,也触及了空间和运动的感受的维度。其中的"清浊、小大、短长、疾徐、哀乐、刚柔、迟速、高下、出入、周疏"也是完全可以用来描述人对建筑的感受的。晏子对音乐体验所涉及的维度之广,已居于极高的境界。

人们用来描写各种感受的文学语言中,如庄严、明朗、亲切、柔和、均衡、激越、华丽、伟岸、沉重、轻盈等等,这些感受词汇常出现在我们体验建筑时,也会出现在欣赏音乐时。如果说言辞的表达还能用来描述某些建筑形象的话,那么想用语言来完整地描述某个音乐,大概就无能为力了。20世纪法国学者罗兰·巴特(Roland Barthes)说:"审视目前的音乐评论,很显然地它们对作品(或者是作品的演奏)诠释或分析,总是藉最拙劣的语言学范畴——形容词。"(5)的确无奈,企图用文学词语来描述音乐,往往是不尽人意。人们可用的那些词语,只能一定程度地传达一些审美表情和片段的理念。但是,建筑和音乐在感受体验上的关联,经常引发着人们对建筑语言和音乐语言的比较和思考,因而人们往往会自然地借助对建筑的体验来描绘对音乐的感受,因为无论如何,人们千百年来都认同建筑和音乐在结构和形式方面有许多相似表现,其中不无深刻的原因。

由于建筑和音乐这样的亲缘关系,描绘建筑也就成了许多音乐作品的题材。柴可夫斯基的《佛罗伦萨回忆》弦乐六重奏、柏辽兹的《罗马狂欢节》序曲,都是含有城市主题的乐曲。俄国作曲家"五人强力集团"的

图1-16　俄国作曲家穆索尔斯基（1838—1881）

基辅大门
6'54s

穆索尔斯基（图1-16），在1873年为纪念他们的建筑师朋友哈特曼办了一个画展之后，创作了《图画展览会》组曲。如今最常听到的是拉威尔从原作钢琴组曲改编而成的管弦乐曲，其中最典型的建筑音乐图画——第十曲《基辅大门》，是根据哈特曼绘制的基辅城门设计图而作。基辅大门是一座乌克兰——基辅罗斯风格的城门，由精美的塔楼和拱门组成，画中还有马车和行人。《基辅大门》的音乐绘声绘色地展示了基辅大门的宏伟气派，以管乐明亮灿烂的音色表现建筑的绚丽装饰在阳光下闪烁，给人一种壮丽辉煌的感受（图17，二维码：基辅大门）。法国20世纪作曲家雷斯皮基有罗马的《节日》《喷

图1-17　《国画展览会》组曲。其中最典型的音乐图画——第十曲《基辅大门》，是根据哈特曼绘制的基辅城门设计图而作。建筑师兼画家哈特曼设计了这座带有乌克兰——基辅罗斯风格的城门，由塔楼和拱门组成，画中还有马车和行人［自音乐CD封面］

泉》《松树》三部乐曲,其中就有《大斗兽场》和四座喷泉在不同时辰的意境音画,是现代音乐家对古城风光、都市建筑的印象描写(二维码:雷斯皮基罗马三部曲)。中国古代音乐中也有《汉宫秋月》《阳关三叠》(二维码:阳关三叠),也都是展现以建筑环境为背景衬托下的音乐意境。音乐中的印象派写景大师德彪西也留下了《沉没的教堂》《雨中庭院》(二维码:德彪西雨中庭院),后者把儿童凭窗看雨时光影映射、雨打窗棂的情景描绘得淋漓尽致。对于建筑和音乐的丰富联想,历代音乐家的作品给了我们一些极美好的演示。这是任何语言文字描写都不能替代的。

雷斯皮基
罗马三部曲
1′37s

阳关三叠
57s

德彪西雨中庭院
46s

　　音乐能唤起人的情感和与情感相关的经验,这就使人们同时产生种种造型和运动的幻象,其中含有种种引导和心理的定位,每一瞬间也产生对下一时间的期待。这一过程是由音乐引起的,也是人们投入了自己的意识活动而运行起来的。当然,通过音响的声波作用于人的过程,完全是由一个物理作用引发的——通过声波振动人们的耳膜,进而激动人的精神或通过空间和地面传递到人的躯体和脚底,直接干预人的身心律动。所以,音乐是空间给予人体的一种物质性作用。音乐是用音乐音响的物理方式表达的,音响具有物理量的特征,即发出音响的频谱的质和量:间隔、长短(时值)、强度及起伏、变化,等等。汉斯立克在1854年所著的《论音乐的美》中写道:音乐"是以听觉印象影响神经的某一特色方式为基础的",所以音乐能够"像一股没有形态的魔力向我们全身神经猛烈地进攻"[20]。这是在19世纪欧洲浪漫派音乐的背景下,经典理论家对音乐感受的描述,可以使人觉察到音乐已开始超越传统的和谐规则,而承载了更多的情感冲击,其中当然包含着数和比例日益复杂的关系,更有对于音乐中物质构成和强度、技术、器材、音色的认识。而与音乐并进的建筑发展,在同一社会文化和物质技术环境的推动下,也在

图1-18　德国科学家赫姆霍兹(1821—1894)

期待同样的超越。

　　音乐和数字之间精妙而神秘的关系，终于因德国科学家赫姆霍兹(1821—1894)(图1-18)的音乐声学研究而获解。《论音的感觉》是赫姆霍兹于1863年完成的一部著作，他使音乐中关于音质、和谐等种种与数字相关的现象，以及谐音、泛音、拍音都成为物理学、生理学的科学概念。不同的声音，如各种乐器和噪音、声音的单调或悦耳、和谐与失谐，等等，都有了实验基础上的物理数学分析。科学与技术发展到近、现代，把人们对声音世界的认识从玩味于"数"的表现引向了对其物理本质和心理运动的认识。

　　蔡元培先生1920年在北京大学音乐学研究会编的《音乐杂志》发刊词中说："求声音之秩序与夫乐器之比较，则关于物理学者也。求吾人对于音乐之感情，则关于生理学、心理学、美学者也。"把音乐与物理、生理、心理、美学加以明确的关联，已代表了20世纪的对音乐的认知理念。

　　建筑和音乐中的"数"和各种科学现象一样，也都包含着物质运动即物质的实体和动力性的深层本质。桑塔耶那说："假如雅典娜的神庙帕特农不是由大理石筑成，皇冠不是黄金制造，星星没有火光，那将是平淡无力的东西。"[7]就是指出了艺术中物质表现的作用。在建筑、音乐与人的关系中，物理—生理—心理的关联说明了建筑和音乐都是一种直接的物质力量的作用，作为一种物质的力直接作用于人体，直接引起人的生理和心理反应的效应。这种作用的表现形式是通过空间把一定的物理量表现出来，并作用于人的感官，同时引发人对场所和文化的知觉。这是一个直接、迅速的过程，并且可以形成多维度的感受和刺激。

　　我们可以从建筑和音乐在物理、数学和空间领域中表现的种种现象特征和关联，猜想它们通过人的生理、心理作用而产生的情感和知觉。通常有人在提到建筑和音乐时，会说到音乐是运动的并且依赖于时间，而建筑是静止的并且依赖于空间。这说明人们往往只注意到它们之间在表现形态上的"动"与"静"有显著对比的一面，而未充分重视它们的共同本质。

汉斯立克说："没有可以给音乐作样本的自然美的事物。音乐与其他艺术间的这一区别——只有建筑艺术在自然界中也找不到它的样本——有着深远的后果。"[8]这就是说，建筑和音乐都不是用来模仿或再现什么，而是在以它们自身的物质特性和存在方式表现着自己。建筑和音乐都是具有最突出的、独立的物质性表现力的艺术，即便是不作为艺术，仅将其作为一种物质性功能来看时，它们也是能够直接以其物质作用，通过空间给人传递以直接刺激、导向、限定、包围、控制作用，使人产生生理和心理的反应。之所以我们稍前所述的那些用音乐描写建筑的示例能够成立，正是因为建筑构成的某些物质性表现作为非自然的样本，恰好能够和音乐互通。这正是我们将要展开的话题。

当说到物质性，虽然也可以把饮食和服装看作是拥有一定艺术元素的美好事物，它们当然也具有作用于人的重要的物质特性，但是它们远不如建筑和音乐的特性对人的身体和精神两方面影响得那样丰厚、动人，那样持久、深刻而带来至高的精神境界。

无论今天或未来的建筑和音乐怎样发展，它们的构成都不可能脱离从数学物理结构到空间和精神作用的物质性特征。正是因为其拥有这样的物质性的共性，人们又感受到它们都拥有丰富的"动"与"静"的表现，我们才会更自然、更有兴趣把建筑和音乐这两件事物放在"凝固"和"流动"这个话题中来讨论。我们可以看到，音乐总是把动力感传递于人，而建筑虽然不动却是通过生活和艺术引导了人的运动。这个话题的展开，将使我们看到一个在精神和物质领域中内涵丰富的世界。

第二章
从宇宙到心灵

既然建筑和音乐的联系不仅在于"数",而且涉及物理、生理和心理,于是我们不禁要问:音乐和建筑都给了我们什么? 建筑和音乐在人类世界中的存在和作用方式是怎样的?

原来,建筑早在人猿还没有完全进化成人的时候就已开始它的发展了。宇宙创生了人类,而人猿最初的活动就是在大自然的天地间觅食和建造,这也是人类得以生存的本能。我们观察鸟儿和鼹鼠、蜜蜂和蚂蚁,也可以看到这种类似的活动。而人类则更聪明,更有创造力。

音乐也是人类还没有语言和绘画甚至没有服饰的时代就已产生的美好事物。对原始人洞穴的考古研究证明,当时人讲话唱歌的能力远不及听力,是听力充当了语言和音乐的向导。至今我们也能看到,听觉领先也是所有高等生物的明显特征。而大自然中早已有丰富的音响:风雨雷电、鸟兽啼叫、泉水叮咚、树叶沙沙等,人类的祖先不仅能够聆听,而且在其中感受到平安与快乐、恐惧与祥和的征兆或体验。人们也因自己的喜怒哀乐而发出种种声音,发生最原始的情感释放。

人类的祖先在他们还只能进行一些简单劳动的时代,就需要建筑和音乐,就开始创造自己需要的建筑和音乐。建筑不论是否雄伟壮丽,都可以庇护人类不受自然界严酷环境的侵害。它意味着安全、温暖和慰藉。同样,音乐不论当时多么简单粗拙,它都表达了当时人们的快乐、忧伤和寄托,抚慰了人们的心灵。

人类在大自然中漫游和寻求庇护的过程中,他们会看到自然界中各种可利用的环境。当人类在岩洞栖身时,他们会看到岩石的厚重和坚实,感受到阳光下山崖温暖的氛围,听到山间空谷的回声。当人们利用高筑的树巢避难,他们会看到大树挺拔又可遮阴,体验到森林的神秘,听到林中的风声,认识了各种植物的枝干、茎叶的形态,了解它们的结构或坚固或柔韧等,还有天穹和浮云、水流和泥土。这些都为人类最早的建造活动积累了经验,使人们的建造活动从动物般的天性开始,逐渐发展为能更好地选择建造的地点、方式、材料和样式。正如勒·柯布西耶所说,建筑是"人类按照自然的模样创造自身的宇宙"。至于建筑成为一种工程和学问,那则是文明以后的事。

对于听觉和各种声音的引发,人类也经历着相似的过程。除了自然界的各种声音和人类自己的嗓音,在生活和劳动中,人类还会发出各种声音,如敲击石块和木棍发出响声来驱赶野兽,用击鼓和号角来组织战斗。人类自然也在生活中积累了对各种声响的认识,无论是反映现象、传递信息还是表达感情,这些都成为人类生存所必需。

中国古代的河南舞阳人在8000年前就已经制作出精美的骨笛(图2-1),并已能吹出7声的乐曲和半音。5000年前的浙江河姆渡人不仅能吹骨哨,还已经学会用有榫卯的木材在湿地搭建架空的干栏式住房。根

图2-1 1984年至2001年间,多枚贾湖骨笛在河南舞阳贾湖遗址破土而出,距今7800年至9000年,用鹤的尺骨精制而成,多为7孔,可奏出7声音阶和半音阶。这是中国考古发现的最古老的乐器,也是世界上最早的可吹奏乐器[网络资料]

据木梁的长度，建造的柱子间距都有一定的规律（图2-2）。

图2-2　距今约7000—5000年的浙江余姚河姆渡文化遗址，这是仿建的河姆渡干栏式建筑的结构形象［网络资料］

在人类从生物本能向高级动物进化的过程中，音乐和建筑就已是人类的伙伴。艺术、农业和生物研究学者甚至认为，利用音乐感可帮助人类在驯养、畜牧、狩猎、捕渔甚至养种花草上收到更好的成果。这可以说明音乐对生物生理活动的刺激和调理作用。鸟兽的筑巢造穴自不必说，而它们的啼鸣，不仅是传递信息的方式，且对于它们在自然界划定空间和权力的占有也是非常重要的。在这方面，人类也不例外。在这里，特定的啼鸣和特定的构筑，也产生了同样划定空间和疆域的功能，这是否也会让人感到建筑和音乐的某种神力？

以上现象也说明，大自然提供给人类的环境是不完善的，人类必然要通过自己的创造去补足这个环境。而建筑和音乐这两个创造，极大地改善了人类生存的状况，不仅抚慰了人们的身体和心灵，还与日俱增地激发了人类极其丰富的无以言状的想象和美感。

建筑、音乐和宇宙、大自然之间的密切联系，还不完全限于事物的物理、形象和技术方面的关联。如果从人类对宇宙和大自然的认识、寄托和崇拜方面看，可以看到人们在建筑和音乐的创造中如何再现宇宙和大自然的精神。在这里，我们注意到汉斯立克在谈到变化无穷的音乐美和视觉美时的一句话："如果通过比喻更能认识事物的性质，我们自然可以为音乐找到一种更高尚的比喻，例如建筑、人体或风景，这些事物（除了内心或精神的表现外）都具有一种轮廓和颜色的原始美。"[20]此言中的人体和风景，无疑都属于造化和自然。把建筑、音乐和大自然放在一类，作为都具有某种结构体系的共同领域，启示我们去探究它们之间所共有的机制和渊源。

建筑史告诉我们，建造活动在取法于自然的时候，也把人们对自然美的情感注入建筑中。"事实上埃及神庙的柱子源于植物的造型，如棕榈、纸草和莲。埃及的柱林（图2-3）象征源于肥沃的土地和神圣的植物带给了其子民保护性、恒久和生计。"[23]埃及卢克索神庙的柱头上，可以看到那种富

图2-3　埃及卢克索神庙的柱头，某种生命力的形象表达［作者自摄］

有生命力的形象表达。而在音乐中，人们想象世界也不仅得于模拟自然音响的游戏，更是在宇宙和大自然的威严和神秘中，得到极其深刻的领悟，从而在内心营造了丰富的音响思维。现在我们在非洲和东亚各民族看到的击鼓，和西藏高原宗教仪典中那长达5米的铜钦振动大地的气场（图2-4，二维码：西藏的铜钦），都是这种心象的证明。

西藏的铜钦
21s

图2-4　西藏仪典中铜钦的气场[网络资料]

《庄子·齐物论》中的"夫天籁者，岂复别有一物哉？即众窍、比竹之属，接乎有生之类，会而共成一天耳。"以及《敕勒歌》中的"天似穹庐，笼盖四野"（公元546年），都表现着人们在天地自然和音乐、建筑之间发生的联想。

人们以心灵的运动来应对建筑，以致建筑的品格能注入人的身心。当我们在城镇上走过，不会无视街角那触目的建筑。当我们的眼光扫过一列柱廊，我们的心律也许会随着它们的光影而怦怦响动。这就是建筑环境对人的感应力。同样，当一曲音乐弥漫在空间，也一定会钻进人们的耳朵，会对人的身心产生策动和牵制，还会使人们往往不可能同时再用另一种节拍来唱另一首哪怕是熟悉的歌。音乐对人们的思想、情绪、心理发生影响之大毋庸置疑，当一首乐曲在不同的时间、地点反复播出，流行在人群中,这时音乐就可能像建筑一样成为一种空间艺术。我们可以不看某一幅画或把一本书束之高阁,但是我们却无法逃避环境中围绕着我们的音乐和建筑。因为和大自然一样,音乐和建筑时时都能够笼罩着我们,而这里的所谓"笼罩"就是"场"的作用。音乐中无论是声乐还是器乐,它的产生和制作和建筑一样,也会在艺术中表现种种丰富的材料技术和物理效应,以及物质运动的规律和特色。音乐由它的结构、音色和强度所产生的空间感,有时也会和建筑一样产生或悠远空灵或沉重压抑的效果。这也是音乐和文学、绘画、戏剧、电影艺术很不相同的特点。因为其他这些艺术门类对人的作用,基本不具有"场"的物质性,而需要通过人们主动的阅读和关注才能发生感觉。而建筑和音乐对于生活在开放环境中的人和开放的耳膜,却能造成有力的围绕、干预或强制性的效应,甚至这种效应经常还十分强大。所以才有了汉斯立克所说的"其他艺术说服我们,音乐突然袭击我们。""乐音的影响不仅是更快,而且更直接,更强烈。"当然,如果说到对人的即时直接的吸引和震撼,建筑的表现也毫不逊色。

当人类赤身裸体地来到这个世界,那时围绕着人类的只有大自然。人类从大自然中获得体验,积累经验,认识了物理现象和各种材料,学会了各种技艺,就开始创造建筑和音乐。此后,在这个世界上时时围绕着、笼罩着人类的就有了三种事物:大自然、土地上的建筑和空气中的音乐。从此,在天地、建筑和音乐之间承载着人类对生活、宗教、图腾和国家、地域情感、理想的种种寄托。

正是由于建筑和音乐对人的心灵有这样强大的浸润、笼罩、感染和策动作用,所以自古以来建筑和音乐对于任何一个民族和宗教,都是精神和凝聚力的象征——从古代社会直到现代文明的国家,国歌、国都、地标建筑对于民族和地域的精神都有同样重要的意义,成为国家和地域的象征。音乐和建筑,从来都被当作社会文明及教化的基础和工具。由此可以看出建筑和音乐对于人类的重要。那么,这种围绕和笼罩对人类会发生怎样的影响呢?

图2-5　库尔特·勒温（Kurt Lewin 1890—1947），德裔美国心理学家，拓扑心理学的创始人，实验社会心理学的先驱，格式塔心理学的后期代表人，传播学的奠基人之一。他是现代社会心理学、组织心理学和应用心理学的创始人，常被称为"社会心理学之父"

　　我们先看一下20世纪格式塔心理学者、德国心理学家勒温（Kurt Lewin）（图2-5）关于物理场和心理场的理念。勒温引用了爱因斯坦对场的定义——"场"是物质存在的一种基本形式。这种形式的主要特征就是：场是弥散于全空间的。"场论"是关于场的性质、相互作用和运动规律的理论，场的物理性质可以用一些定义描述在全空间的量（图2-6）。场量是空间坐标和时间的函数，它随时间的变化描述场的运动。格式塔学派援引了现代数理科学概念来说明心理现象和心理机制，提出了"物理格式塔""心理场""行

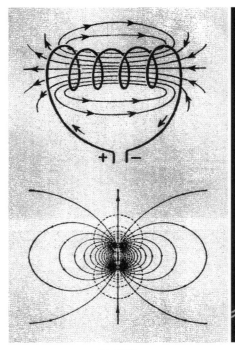

物理场

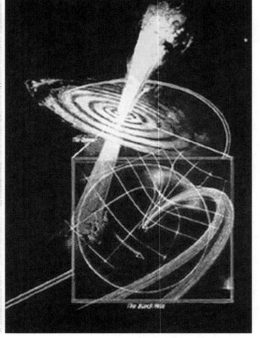

四维空间

图2-6　物理场，经典物理中的电磁场和爱因斯坦相对论的四维空间图解[作者搜集资料]

为场所""心理张力系统(psychological tension system)"等概念。"场"的一个重要属性,是它占有一个空间,它把物理状态作为空间和时间的函数来描述。若物理状态与时间无关,则为静态场,反之则为动态场或时变场。可以用场是"相互依存的现存事实的整体",来说明心理场的概念。心理场(psychological field)或心理生活空间(mental life space)是心理学家勒温提出的拓扑心理学中的一个重要概念。勒温认为,人就是一个场,人的心理现象具有空间的属性,人的心理活动也是在一种心理场或生活空间中发生的。也就是说,人的行为是与场密切关联的。心理场主要是由个体需要和他的心理环境相互作用的关系所构成。[41]这里我们不难看到,场、能量、物质实体都与时间、空间联系着。

宇宙天地和大自然首先是一个浩瀚而复杂的物理场,包括星际空间的引力场以及天然的气候、温度、辐射、振动和声场等等。对于在地球上生活的人类来说,我们周围的地形和生态,都是种种天然物理场的组成部分,它们都对人类的生存和人类心理场的形成起着重大的决定性作用。从宏观来看,建筑和音乐是人类为自己创造的新的人工的场,正是建筑和音乐的出现,极有力地调节了人类和这些自然场之间的关系。换言之,是建筑场和音乐场极大地改善了原始的自然场对人的作用,并创造了人类生理、心理所需的人工场所的感受。美国学者阿恩海姆在《建筑形式的视觉动力》中,就把场即"视觉力场"作为空间的要素。他指出:"视觉力不是孤立的矢量,而必须被理解为周围建筑物知觉场的组成部分,并且它们在内部空间也很活跃。"[24]而诺博格·舒尔兹在关于广场和街道的"场"的论述时说:"许多场相互作用时将产生复杂的空间结果,各式各样的密度、张力和动态感。"[23]

现代科学认为,"场"就是时空几何。这样,时空、场、能量、质量都处在统一而又交错的矛盾运动网络中,而其中只有有质量的实物物质是有形的,其他都是无形的。音乐是一种时空几何、时空结构,实物的建筑也是一种时空几何、时空结构。宇宙的一切都是在不同的时空结构中。因而，我们也可以说"场"是事物的空间，是事件的发生地。这样就阐明了"场"这个字的本来意义，如人们所说的剧场、球场、商场或生意场、职场、官场、社交场等。在我们建筑和音乐的论题中，这个"实物"的"时空几何、时空结构"和"事件"就对应着"建筑场"；而那个在空气中发生着振荡的乐音，对应着物理学、声学家关于声波和音质所说的"声场"；对于演奏并传播给听众的音乐，那就是"音乐场"。它们都是由于事物的存在和运动所生成的空间动力状态（图2-7）。借助"场"的概念，我们可以更为清晰地看到建筑、音乐何以能对人产生那样强烈的作用；和所有其他艺术门类相比，因为拥有物质的、能量的、时空的"场"的特性，建筑和音乐才会有如此非同一般的特色而又相通。

中国古代的《乐记》中说："凡音之起，由人心生也。人心之动，物之使然也。感于物而动，故形于声。声相应，故生变，变有方，谓之音。"这是说由心中朦胧的心情发展成有节律的音乐的过程。建筑的创造也是这样，从生活和环境的模糊设想，

图2-7 塞纳河畔的巴黎圣母院，城市标志性建筑的力场［网络资料］

发展成一个宏伟而富有韵律感的建筑构思。这不仅是对美的形象和结构的追求，也同时在运用实体的材料和技术，建立物质的力感。当我们生活在城市和村庄，不可能不看到伫立在街角的建筑，并且不禁要对它上下打量，品评它，记住它。所以建筑物作为"地标"（图2-8），是无处不在的。当

图2-8　滑铁卢古战场纪念碑，在环境中表现的超强力场［作者自摄］

人们走进建筑物，通过对建筑的物理界面的认知，自然会循着房屋规定的格局来行事和生活。建筑师对建筑空间的设置，建立了对人流和动线的导向性，这就是建筑和环境对人的作用力。事实上也是如此，尽管我们可以在建筑中选择不同的走线，但还是不得不遵照建筑的规则来行动。

　　建筑形象空间表现的或高或低、或围或透、或通或堵、或虚或实、或明或暗，都向人们传递了对行为前景的推断和提示，进而产生了相应的评测、行为的计划和预判。依据对建筑的物理界面的认知，当我们看到一个

墙或门时,我们不可能撞上去。我们不会随意去爬一个窗,不会无端去冲一个围栏或跳一个沟堑,也不会像投入房中的一个乒乓球那样,在一个个界面间不断反弹来耗尽能量。乒乓球的运动是一个纯力学过程,蝙蝠就不同,它们会依超声波回馈的信息在空间中飞行,这基本是一个物理—生理的反射过程。而如果是一个人,他走进一个房间就会认识建筑内的空间格局,他的起坐行走都会与建筑的设施相呼应,他的视觉还会跟随着光线,跟随着景观而浏览。这就是我们对建筑场的认识在引导我们。所以,对于乒乓球和蝙蝠来说建筑空间仅仅是一个物理场,而对于人来说,面对建筑还会发生相应的心理场的行为。人在空间中的行动,即便像《红楼梦》中"刘姥姥进大观园"那样眼花缭乱、失去导向,那也仍是一个包含智力的物理—心理的综合过程。人们会在这建筑物限定和提示的范围内通过视觉进入心理定位,进行自觉的行为抉择;在行动、测算和期待的同时,伴随着审美的心动。

反之,如果没有人的介入,建筑空间(自然空间也一样)就仅仅是一些物质构件的结合和堆砌,有如山丘、废墟。只有当有人关注或使用它们时,对于人的意识和运动来说,这些物质的堆砌就发生了"心理场"的作用。也就是说,只有当心理场的空间属性在建筑中得到反映时,建筑才成为一个具有视觉和生活意义的建筑,这时的建筑才能成为一个建筑"场"。

当然,某个建筑"场"的作用不仅来自建筑的形态和尺度,还与建筑所用的材料、色彩以及装饰的风格、内涵等相关。比如,一座真正的古代城楼,就一定会拥有和相似的仿古建筑完全不同的建筑场,人们也可以把它叫作"气场"。这种从总体到细节一体的作用力,在音乐中也表现得各有千秋。

作家赵鑫珊在《建筑与音乐——两种语言的互相转换和音乐解释学》中,借着对电磁场的认识,也表示确信有"建筑场"和"音响场"存在,并画出人在大教堂中的图景和电磁学的电力线、磁力线的图形,借以说明人与建筑和音乐之间存在某种"力线"。[7]这说明他在对建筑和音乐的体验中深切感受到音乐场和建筑场的作用。应该说,各种物理场也包括音乐的声场——音响场,都是一种物质的存在。但对于建筑,实际上存在的只是建筑的空间,而建筑场则是一种心理的互动效应。音乐,也只有当它对人的意识发生作用之时,才能成为音乐场。所以,音乐厅、录音棚或音乐教室中,只有当音乐响起时才能出现音乐场,家中或街头有听众时也是这样。必须指出,不是任何建筑内外都可成为建筑场,比如未完工的建筑工程或未装修的住宅毛坯房还没有付用时,都还不能与人心互动而形成建筑场,而不同的建筑装潢配置也可以造成建筑场的改变。所以,作为由互动而发生心理效应的建筑场、音乐场,是不能和电磁场、引力场、声的传播场简单并列的。建筑场和音乐场都属于心理场范畴,在人和大自然之间——比如在风景和气候问题上——物理场和心理场也有类似关系。英国学者贡布里希在谈论图像和音乐的世界时,也用到"力场"的概念,[11]他把视觉图形组合对人的引导和音乐进行中的调性与和声的转变相关联,表述了他对视觉和听觉感受中心理力的见解。对于音乐,只有在人和音乐的互动中,音乐才能成为音乐场。演奏着的音乐无论对于欣赏和自娱都是一个完整的音乐场。但如果是无人关注,或在无人之境的音乐播放,大约就不能算是一个音乐场。生活中有着种种不同的噪音,由于它并没有音乐的意义,只能说这种声音有声场,而没有音乐场。甚至可以说,当音乐的演奏被无关的喧闹所干扰时,音乐场也就被破坏甚至已不存在了。同样,对建筑而言,当建筑被过度的广告遮蔽或过多的室内装载充满时,它的建筑场也就被改变或甚至不能成为建筑场。

音乐学认为,音乐是有组织的音响,而建筑同样也是有组织的场所。规律性的行为是人的基本状态,人们无疑在精神、生理和物理方面都有这种对规律性的需要,例如人的生息、起居,居有定所,有规律的认知环境如路径、空间的方向和排列,包括它们的区别、重复和有目的的秩序感等。组织、规律和秩序还作用于人们对场所的共识性,包括对行为的约定和对文化与美感的认同。这样才有了人的生活和行为的"支点"。就如舞台上

图2-9　大自然构筑的力场之一,垂直线密集的森林[作者自摄]

图2-10　建筑场室内之一,哥特式教堂的灵感也来自森林[作者自摄]

的布景装置,哪怕是一些抽象、极简装置的景片平台,也能支持演员和引导观众来构成一个"表演场"。虽然在自然力驱动下也会产生一些适于人性的组织,成为美好的场所和声音,比如洞穴、森林和山泉、鸟鸣,但它们远不及人类主动的组织创造更为系统、完整和有目的性。当然,这些人工的组织其实又和大自然的天然组织有着全方位的渊源(图2-9、2-10)。

空间对人的作用是一个通过视觉传递的物理作用,也就是通过视觉传递给人们一系列如通达或阻挡、宽敞或狭窄、高或低、支持或悬空的预示。这一系列表现如果能得到理解和响应,才有可能产生舒适和美感;反之,就会发生迷茫、阻滞和困顿,或萌生撞击甚至坠落的预期。这就是建筑空间作为物质场对人的直接作用（图2-11）。这是一种往往会表现得甚为强大的物质作用，是营造建筑空间对空间人流进行"导向性"设计的物质根据。这种引导作用在行为和心理上对人的作用是动力性的作用。但它和文学、戏剧、绘画雕塑那种纯意识的作用不同。因为建筑场包含着人的意识与建筑的互动，而"导向性"作为建筑学的基本概念，也就包含着视觉浏览和行走意向的动力感。所以，建筑场的物理作用首先就应表现为力的作用。如果说传统的建筑学是从造型和空间来考察建筑，那么从场的感受来看，现在更应注重建筑场作为与人的感受交互而发生的动力性表现（图2-12）。在音乐中，对声场、音响、音乐表现序列的感受也会使人产生与建筑十分相似的感受。

图2-11　大自然构筑的力场之二［作者自摄］

建筑场对人的思维、熏陶和控制作用在空间中展开，不仅表现为体量、轻重、明暗、色彩和抑扬的冲击力，也能够在人们面前筑起一片动力性的空间，进而展开到城市和地域。譬如，当你身在北京城中的一处，虽看不见故宫，但故宫会在你

图2-12　建筑场的不同感受［作者自摄］

心中显示出它的方位和存在；即便你身在湖广江南，北京城也可以像泰山一样成为你心中不能消逝的标志点。同样，音乐可以由空间通过人的听觉和媒介的振动，对人的思想、情绪、生理产生或大或小的作用，可通过传播感染到千百万人的情感和思想。正是由于建筑和音乐对人的心灵有这样强大的浸润、笼罩、策动和感染作用，所以自古以来建筑和音乐对于任何一个民族和宗教都是精神和凝聚力的象征。从古代社会到现代文明的国家，国歌和国都的地标建筑对于民族和国家的精神和存亡，都有同样重要的意义，使其成为地域的象征。无论在宗教或政治领域，建筑和音乐都用来作为营造崇拜和凝聚力的工具，而它们所蕴含的美好理性和秩序感也成为思想道德文明和教化的有力手段。

　　建筑和音乐与大自然之间之所以有着这样深刻的联系，其根源也是因为人是它们中间的核心。人类本身无疑是大自然和宇宙的一份子，建筑和音乐是人类为了丰富和补充大自然和宇宙场的不足而进行的创造，所以无论是现代还是未来，建筑和音乐将都是人类和自然界之间进行身体和心灵直接沟通的最好媒介。从埃及金字塔到中国传统的园林建筑，从西藏拉萨的布达拉宫到20世纪美国建筑大师莱特的草原式别墅，还有当今世界各地出现的仿生建筑艺术造型和运用高科技建造的绿色生态建筑，都表现了人类在优化住居、发展建造的同时又延续着对自然的崇敬依恋。而音乐的表现更是在人类的激情、美感和与自然的交流之间有着绚丽的表现。在各国传统的民间和古典音乐中，无论是中国的民族管乐《百鸟朝凤》还是欧洲的多首《云雀》，无论是贝多芬的交响乐《田园》还是德彪西的音诗《大海》、格里格的钢琴曲《蝴蝶》，都展现着人类对自然的感受和向往；当代班德瑞的音乐通过在作品中融入泉音、鸟语、风声的元素，意在把人们重新投入大自然的怀抱；建筑场或表现建筑环境的影片总是乐于采用相关音乐相伴，而音乐媒体的传播也常借助文脉亲近的建筑影像作为伴随的图景。

　　但是，描写自然景物或传递对自然的感受仅是为数不多的一些乐曲或部分段落的音乐表现,且建筑在其中仅是以自身的形态去配合自然,而不是完全重复自然。从本质上说,建筑和音乐都是以一种与自然相通的方式存在于世的。音乐美学认为,音乐的存在方式包含着"行为、形态、意识"等方面。与建筑不同的是,音乐本身不拥有任何呈现为实体的构造物。所以,音乐的存在方式必然要考虑往相关事物上的扩展。

心理场是响应人的心理运动而产生的一种虚拟环境或一个虚拟空间。人的心理活动就是在与这个虚拟环境互动的状态中进行的。

人们在说话的时候,心中会有一个虚拟环境,人们说话时的手势就是人演示这个虚拟环境的表现。这个演示是天生的,人们不需进行学习就会做出种种手势。人们说话时的手势不仅随着语调的节奏和表情,还时而示意某种多维度空间的指示和运动,以及某种速度和力度的模拟。不用说,语言是为了表达,但是做手势是情不自禁的。日常生活中,有时我们可以看到人在说梦话时或打电话时也会做出种种手势,这可以说明手势出自内心。换言之,在特定的情景之下,人的内心会生成某种富有动力性的空间场景,它也许就是人们感受和体验建筑、跟随和想象音乐时意识的参照。

我们也可以说,说话的手势是人们在有意无意中学来的。有些人的手势已经成为一种刻意的表演艺术,那是因为手势的生成基础在人和人之间是有共性的,也会在不同的人群或不同的民族里各有不同的表现。于是,手势自然成为人们有意识地用来帮助表达的一种方式,不仅用在日常生活的某些情况下,更在许多表演艺术中成为艺术形体设计的一部分。手势,在演唱、朗诵中也非常重要。当然,演说家的身形和手势,对于传达讲演的内容和情绪以及展示讲演人的风采和感染力就显得更为重要。在这里需要注意的是,无论讲演的内容是什么,手势所比划的仍然是和语音的表情、意向相关联的某些空间和力量、大小和运动的虚拟感受,能否成功就在于如何激发人和人之间更多的共鸣。对于乐器的演奏者,他在演奏时除了操作乐器所需的动作以外,他的身体包括肩背、腰肢、双腿以及表情和眼神，都可以随着音乐发生相配合的运动，这都可以成为表演的一部分。

把手势的问题联系音乐和建筑，就很容易想到乐队的指挥。对于合唱和乐队，尤其是交响乐，指挥是乐队的主宰和灵魂。音乐指挥不仅通过他的手势控制乐队的节奏和各种乐器、各个声部的协调，还以他的身姿形体的律动传达情绪对音乐的理解。这是一个覆盖音乐全过程的传达和表演，指挥不仅是面对乐队全体的心灵对话，同时也是在用他的背影向全体观众进行解说（图2-13）。

图2-13　弥漫于空间的音乐场和音乐指挥的肢体语言表现［作者自制］

与这个话题相关，我们还可以联想到音乐和舞蹈中的空间表达。舞蹈能够以舞者全身心的形体运动，引导观者进入一个个虚拟的空间幻象。可以设想，如果把一段芭蕾的动作从舞台移到冰场上，又会给人们带来多么巨大的空间感和动感的提升,而音乐的伴随则可以以更澎湃的气息更大地扩展这幻象的动感和广度。如果按苏珊·朗格所说,舞蹈就是在"跳音乐"[10]的话,那么舞蹈就是在用身体艺术地比划着音乐的空间,也就是借音乐运动的"场"表现着舞者心中的世界。相类似地,当人的身体和目光在建筑内外为体验、浏览而游动时,包括相关的想象和注意力游动的集合,都可归于我们所说的"建筑场"。

建筑和音乐的表现方式或者说存在的意义,应当从人对建筑和音乐的感知方式来认识。也就是说,人们都是通过对运动过程中的感知的积累,来对建筑和音乐的表现方式不断进行综合加以认识的。建筑场之大与人的感官在每一瞬间接受的信息之小,决定了必须有无数这些微小的视点,在一步、一倚、一触的瞬间于巨大实体空间中发生聚合。而音乐场则是在一定的时值中不断展演变幻着虚拟场所空间,让人们在时间中聚积每一瞬间的动感、力度、色彩和情感,有如威尔第歌剧《阿依达》中音乐和宏伟的古埃及建筑场景那样浑然一体的契合。用这样的想象来看建筑和音乐,大约就可以把建筑和音乐表现汇合到一个富有动力感的关联之中。

建筑场有多大? 它通常可以涉及人的行为、视觉相关的范围,或延伸到某些情感思维的领域。有时,它仅仅在斗室一隅,而在另一些时刻,一个建筑的力场可以弥漫到天地。同样,音乐场在与心灵的互动中也好似一个或精微或磅礴的世界。还有什么艺术结构系统能够产生这样的效应? 除了包罗着从微观到宏观的大自然,还能提及的就是建筑和音乐。

建筑和音乐之所以这样亲密,是因为它们和人类生存的情态密切相关。它们和我们共存于宇宙的物质场和人类的心理场之间。它们是人类自始祖以来永久的伙伴。

第三章
编织的能量元

通过对建筑场和音乐场与大自然的对照，我们看到了建筑、音乐有着和大自然多么相似的物质性特征。那么，这种"物质性"或"场"的表现究竟是怎样的，即建筑和音乐对人的作用是怎样表现的？这种作用共同的特点是什么？

从黑格尔到谢林都说过，音乐和建筑的联系在于"数"，而这个"数"最直觉的表现是在比例、韵律等特征上。这就是说，我们看到的是在时间和空间中组成音乐和建筑的种种细节和部件所表现的量值关系的规律。在音乐中，这种细节可以是音高、时值、小节，也可以是音乐的速度、强弱、和声的种种信号；在建筑中，这种部件可以是一个个砖块、阶梯、墙垛、梁的排列、柱廊间隔的尺度，也可以是街道上的一排橱窗、住宅区中的一组房顶，或房檐下的几道饰线的样式等等。正是这些一个个有规律的基本元素或构件，把音乐和建筑解析成了表现出某种数学规律的听觉视觉信息。"数"仅仅是建筑和音乐在结构分析和表述上的计量特征，而建筑和音乐在物质的堆积和运动方面的表现特征，则把我们引向了对生成建筑和音乐的物质组件的关注。建筑和音乐的结构是和某些物质形式按一定数学方式的切割和组织的过程相关的。

在物质世界中,可以被切割成有规律的尺度单元的事例可谓包罗万象。在微观世界中,有物质的原子和分子结构;大一些,有生物的细胞,有金属和矿物的晶格和晶体。它们都表现为有规律的数学尺度和比例关系。自然界中还有珊瑚、仙人掌,森林群落中的树阵、灌木、花簇,它们都各自按其品种形成一定的形体和组合,按一定的尺度和模式展现在大自然中。动物世界中还有由多边形和平行线构成的蛛网和蜂巢,其所有组件都呈现着有序的结构和尺度。各种生物的细节,从禽类的羽毛、花瓣的组成、植物叶子和叶脉,到动物的花纹和鸟类羽毛排列的韵律,到人的四肢、五官和十指,都表现出种种神奇的数学关系。

以上这些,是在自然力作用下生成的物质世界。建筑和音乐出自人为,是人类活动的产物。把这个物质生成的概念向人类的活动延伸,就可以认为人类及其活动也是大自然生态的一部分。故此,我们就可以想到城市的建筑群落,大楼的构架和房间、楼层和梯级,人群聚散排列,以及人的肢体和步伐;联系到音乐,也会想到人体的律动和演奏乐器时发生各种声音的行为方式,乐器的形态尺度,键盘、吹管的音孔和弦琴的排列,及至乐音的节奏、音型和音量表现等,这些都可以看成是大自然生态向人类的延伸。

当我们把上面这些现象和对自然的感受相联系时,就可以感受到物质模数和节奏、韵律的关系早就在自然界存在,也早已在人们观察和体验之中。那些珊瑚、蜂巢、蛛网都被人们喻为奇妙的建筑,而它们和花簇、晶格一起也常被比作美好的音乐;鸟兽鸣叫的节律和表情也是出自天然。这些现象无疑是物质运动和能量变换的结果。

对于生物界,我们可以看到这些美丽的造型韵律是由于它的制造者珊瑚虫、蜜蜂和蜘蛛们所具有的特性。这些小动物的形体、能力、吐出不同的分泌物的物理和化学性质,决定了珊瑚、蜂巢和蛛网输出和堆积的速度形态。对于建筑和音乐的形成而言,就是包含着相似的动力的作用,从建筑师的眼光来看,这是由它们的材料、制造、搬运能力和居住需要的规

律所决定的。没有力的作用,就没有能量的传递,就没有音乐,没有建筑。(图3-1a、3-1b、3-1c、3-1d)

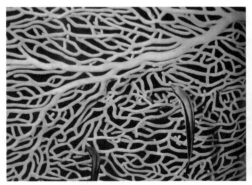

图3-1a　珊瑚的肌理结构

图3-1b　松枝,植物的组织形态

图3-1c　植物叶的单元形态

图3-1d　蜂巢是生物的建筑

在宇宙和自然界的任何运动变化中,都存在着各自的物质量、能量和时间周期的限制,其中表现为数字关系的核心因素就是各运动环节中的动力,也就是能量。在生成建筑和音乐的动力和能量形态方面,二者之间有一些重要的共同机制,它们就是有限大的动力—能量单元和相应有限的输出尺度。这个特点造就了建筑和音乐的"编织体"特征。

贡布里希在关于图案形式研究的《秩序感》中说:聚集(Packing)这一基本问题在很大程度上促使了理论几何学产生。他引用了柏拉图从宇宙论的角度在《蒂迈欧篇》里对地球的最基本的组成成分所作的思考:"上帝从混沌中开始创造宇宙时,首先是靠形式和数字来把它们分成各种形状的。"柏拉图认为,自然物的形状往往是物理力作用之后留下的痕迹;正是物理力的运动——扩张、收缩或成长等活动,才把自然物的形状创造出来。他并强调,秩序感是原来就存在于自然界中的,而且表现了自然力的普遍规律。[11]鲁道夫·阿恩海姆说:树干、枝、树叶、花朵中包含的弯曲、盘旋或隆起的形状,云、山峦和蜗牛的驱壳"堪称凝固第一流的表现性运动"。"蜗牛为自己建造出来的驱壳,是一种十分富有节奏的建筑物。这种驱壳是由蜗牛分泌出来的糊状石灰质构成的,而它的形状又是由蜗牛躯体那富有节奏的运动造成的。"[46]

同样,在无机世界的运动中,岩洞中石笋的形体、尺度和造型肌理表现的韵律都是由于岩洞中水量、水质的种种地质和空间条件造成的。钟乳石是由水的运动节律造就的建筑。岩石由熔融状态至结晶形成矿石,以及岩石由于风化变化为颗粒的过程,都伴随着单元与整体间的结构表现。海浪和潮汐、季节变化和天体运动,都是按各自的规律重复着它们的方式、节奏和韵律,其内在的动因都是能量的积存、转化和输送。数学概念可以说只是对这个结果的描述。

当把人类自身的活动包括建筑活动和音乐活动的物质和生态基础,与上述自然界的运动对照起来,就能看到其间的共同根源。正如20世纪美国建筑大师莱特所说,"我们可以在所有自然生物固有的过程中演绎出规律","我们本身就是这种天然定律的产物"。[49]人类进行建造活动的能力和方式以及他们的需求样式,决定着他们建造的模样。这就是说,人间建筑的"模样"虽然不同于昆虫建筑的"模样",但是都有着共同的生成原理。

建筑是人类物质生活创造的基本活动,人类早期的建筑活动在本质上和珊瑚、蜂巢、蛛网有共同的起因。人类的祖先从利用天然的树洞、石穴栖身,到筑巢、挖坑为居,伴随着他们从猿到人的进化过程。到了新石器时代,中国原始社会的先民已经会建造房屋,如《韩非子·五蠹》中说:

"上古之世,人民少而禽兽众,人民不胜禽兽虫蛇,有圣人作,构木为巢,以避群害,而民悦之,使王天下,号之曰有巢氏。"在《孟子·滕文公》中又有"下者为巢,上者为营窟"。

人类初始用天然的草木工石构筑栖身之所,进一步发展为可以按居住的需要来伐木采石,建造具有一定尺度的建筑空间。但无论建筑技术如何发达,都不能摆脱一个事实:相对建筑的硕大体量来说,其所用的材料和构件是细小而分散的。于是,建筑总是在不断用较小的构件或组件来编织巨大的建筑空间和形体,来搭成整个建筑。人类早期的建筑还只是天然材料的粗糙编织和搭建,虽然有了初级的榫卯构造,但用材还是将就天然的弯曲,材质粗细不均。由于资源和采伐、运输的能力有限,常用尺寸受一定限度的木料来拼凑、搭建成大的房屋。当人们需要建造剧场、体育馆时,它巨大的屋盖也只能用大量有限长度的钢材进行组合编织来实现,这种方式和鸟儿筑巢在本质上是一样的(图3-2a、3-2b)。人们在从事建造时总是量需而行,量力而行,使空间适合人体和活动的尺度要求。这是人们不可改变的现实,就像唱歌的音量、气息的韵律需适合人们发声

图3-2a 巴黎埃菲尔铁塔,建筑结构钢铁的编织形式[作者自摄]

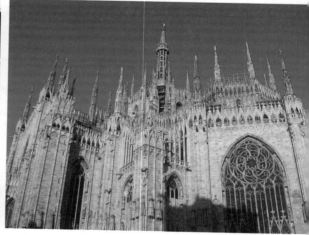

图3-2b 米兰大教堂,哥特式建筑石料结构与造型的组织[作者自摄]

器官的能力一样。

　　中国两三千年来建造房屋和城墙所用的砖,基本是在适应手工操作的条件下确定它的规格。历史建筑中,越是重要的建筑,它的砖的尺寸就越大一些,如城墙所用的大型砖块是为了使城墙更不易被破坏,而民居的墙砖就较为轻便而接近手掌的尺度,便于使用。到了近代,出现了标准的机制砖块的规格,它也是根据操作的合理性来制定的标准。如我国20世纪通用的120mm×240mm×60mm的普通红砖,是手掌便于抓起的尺度和便于把握的重量。历史上不同地方还有不同规格的砖,都是根据它们在生产运输过程和施工适用中的便利性来确定的。这个过程包括制坯、堆放、运送,根据焙烧的效率以及操作包括砌筑时抛递的便利,也就是能量输出的合理原则来约定,形成种种有限的规格。这样,一块砖石、一根木枋即成为建造中的一个能量输送(图3-3a、3-3b)。

　　非洲一些部族村落中,有着一些上千年传统的民居建筑。这些居民建筑的各种尺寸是依随建造者身体的尺寸来定的,其中墙体的厚度是以胳膊肘臂的长度来确定的,房间的尺寸按臂量和步测来确定等。这样的

图3-3a　浙江慈溪民居的墙体肌理[作者自摄]

图3-3b　现代建筑的结构编织,编织元件的尺度决定于构建力学性能的经济性和构件制作条件的限度[作者自摄]

天然规则的产生，是一个将人体生态能力融入建筑中去的过程，它使建筑中包含了人体行为的韵律及节奏。

　　中国宋代《营造法式》对建筑大木作制度提出的数学关系是：建筑木构造的尺寸以"材"为基本质量单位，而"材"分8等。根据不同的建筑等级，第一等材为9寸，厚6寸；第8等材为4寸半，厚3寸。而"1材"又分为15份，1份称为1分，即：1材＝15分。而所谓"材"，就是建筑中斗拱的横拱木材的断面尺寸。建筑的柱径大约是"材"的3倍。到了清朝，《清式营造则例》中规定把"斗口"作为构件度量的基本单位。"斗口"设定为模拱断面厚度，断面高度"材"为斗口的2倍，而柱径为"材"的6倍。营造法式的产生，就是为使有限的材料可以在满足不同规模、不同等级的建造要求情况下得到合理的利用，也就是制定了用木材编织建筑（图3-4，二维码：木结构—编织）的模数规则，来适应当时有限的建造能力。"法式"总结和规定了

木结构—编织
48s

图3-4　中国传统木结构建筑的构件编织：应县木塔［作者自摄］

建筑耗材的计量规则,也就让能量元输出的记录展现在建筑的构件之中。

观察宇宙间的一切事物,可以证明世间没有无限连续不变的事物和运动。永恒的太阳对于我们是按季节循环和昼夜波动的辐射;江河看似无尽的奔流,也处在不断生成无数波涛和涨落的过程中。这一切都是物质世界分形与组合的表现。

在现代工业化时代,即使用大型的钢材建成宏伟的楼房,或用百米的钢构架来营造巨大的竞技场,也不会像制造舰船和飞机那样,整体无缝地建造房子。建筑必然是用分散的构件或有一定规律的单元体来进行组合的。现代建筑的标准化构件或工厂生产的建筑材料的出厂规格,也都具有一定尺度。决定这种规格尺度的依据是生产设备的规模和尺度、厂房条件、材料运输和包装条件,如市上的铝建材的出厂规格通常是6m长。此外还有起运吊装条件,以及施工设备起重安装设备的能力、建筑设计的空间尺度要求、技术要求等规格。这些规格都有一个合理的范围和能力、效率的规则。

西藏传统建筑屋顶和宫殿内许多地面是一种用红色夯土叫“阿嘎土”做成的。据西藏的考古发掘发现,使用阿嘎土的最早例证在公元775年左右。至今,藏族地区还在普遍使用这一建筑材料,成为藏式传统建筑的一大特点。阿嘎土的制作流程是:在木梁格上铺树枝,先是铺粗枝,然后上层铺细的树枝,再往树枝上铺石块,最后铺上土层,粉碎的泥土中要掺上酥油糌粑,用锤夯成平整的屋面。西藏雨水稀少,这样的屋面不仅保暖而且还不会漏水。这种屋面的夯打施工是:一群工人手提起装在长杆下端的锤向土层表面夯下,伴着歌声号子,协调着节奏。这不仅是西藏民间建筑传统的施工方式方法,这样的场面也成为一种热烈而美丽的舞蹈“打阿嘎”。曾在CCTV播放的舞蹈中,相应伴随着这样的音乐:

$$6 - | \underline{56}\,\dot{1} | 65 | 31 | 22 | \underline{32}\,1 | 22 | 1\,\dot{6} |$$

$$\text{X} \qquad\quad \text{X} \qquad\quad \text{X} \qquad \text{X}$$

注:图中“X”是落锤的节奏点

打阿嘎土—编织
30s

音乐表现的过程，是音乐从节奏编织成乐句的过程，也是能量输出的记录。正是这个被记录的能量按照音乐的节奏从人体通过锤的夯打输入建筑中。所以，这个过程同时"聚集"和"编织"了两件产物：一是建筑，二是音乐。"打阿嘎"以又一种优美方式，把音乐凝固到建筑的身躯之中（图3-5a、3-5b，二维码：打阿嘎土—编织）。

图3-5a　打阿嘎——传统西藏民间
载歌载舞的建造活动［网络资料］

图3-5b　打阿嘎也是传统西藏民间
的歌舞表演［网络资料］

　　美国建筑学者亚历山大在论述"城市的缓慢出现"时说："一个城市是成千上万个个别的建造行为建造的。如果真是如此的话，我们怎么能肯定城市将是完整的而不是支离破碎的混沌的呢？为正确表述这个问题，我愿意把它和生物学早已提出的一个问题相对照：有机体是怎样形成的？详细来说，这是通过荷尔蒙所产生的某种化学关系的反应发生的……随着生长的发生，这些化学关系改变了，以致由相同的规则指导着相同的变化，在这每次出现的时刻都有略微不同的效应。而这也正出现在城市中。在这种情形中，化学关系仅仅由提供生长规则的较大尺度的人的意识所取代。"生物的行为模式中，也包括人的行为模式。这种行为后果就包含着物理力和机械能的内容。

就人类知觉的本能而言,人首先是视觉的动物。虽然人类在视觉上的辨别力是最强大、最丰富的,但仍然需要听觉的帮助,而听觉又是一种最迅速、便利的方式。于是,发声对人类就具有极重要的意义。主体自身的语言——呻吟、嘻笑、哭泣,是用声音释放情感的基本形式。和建筑的功能相同,发声首先是由于心理,甚至生理的物质需要。

虽然无从考证人类究竟是先有语言还是先有音乐,不论是否有人能回答人类在声音这方面的发展最初是否和鸟儿有什么异同,也不知7000年前的河姆渡人是先用语言表达,还是先用骨哨传递信息,但有一点可以肯定,就是无论用语言,用呼唤,还是吹响骨哨或陶埙,每发出一个单音,都是要用一定的气力输出能量的。每一个音只能持续一个有限的时值,这就是音乐中一个音的限度。当构成最原始的呼唤、信息或音乐时,无论是呻吟还是嘻哈、怒号,每发一声必然会有能量和时值的限度,即有行有止,或随着力量的输出而有强有弱。就是这些单音伴随着呼吸的间隙形成了一组间断、组合式的音响。这样,以歌唱输出一定的情感信息就必然伴随着重复、间断往复的过程。其实,语言的进行方式也是这样用音节、声韵形式组合成意义的。只要是信号,就不可能是用持续不断的单调的长音来呈现。采用间断、脉冲式的变化才是表达丰富信息的有效方式。自然界所有音响的发生,也是以间断、脉冲的发声组合而成,即便较为持续的水流和飓风也伴随着振动和冲击式的起伏,它们都是由能量的输出和阻力作用的波动性造成的。能量间隙、往复地输送,形成了声响的往复式节奏。

音乐作为一种时间艺术,它的行为方式就是用声音编织成一股股高低长短的情感的传达,而从物理学来看,参与这种编织的每一个声音也就像建筑的砖瓦、木材、梁柱、墙板一样,会受到它每个组成部件中的发声者和乐器演奏的能量限制。再简短的歌声,也是由一些音符编成几段旋律来连接,中间还会有呼吸和断续,不可能是绝对的"一气呵成",交响乐队磅礴的音响就更需用众多的乐器来组织而成。而从时间的延伸上说,音

美国乡村音
乐——编织
22s

乐就是无数音符的有组织的发声(二维码:美国乡村音乐——编织)。

人声或吹奏发出一声可持续数十秒,提琴的一弓拉下可持续十几秒,这都和人的肺活量和手臂、琴弓的长度有关。其他声音材料如击鼓或拨弦声音就更为短促。钢琴要产生轰鸣、奔腾的效果必须用往复的震音或"颗粒"式的快速堆积的音响来实现。弹拨乐器更不用说,必须进行音符的堆积组合和叠加,比如琵琶的轮指,用累积式的重复来延伸它的音响。虽然在传统的管乐演奏技术中,唢呐的"鼓腮延音"可以做到令人惊叹的无间断发声,成为一种演奏的特色,但是这种"不换气"演奏的精彩之处,仍在于表演富有节奏变化的乐句。中世纪最早的管风琴,就可以利用人力或水力推动风箱,以支持它洪亮持续的发音,尤其在巴洛克音乐中管风琴极具震撼的音色、音量,以及那沁人心脾的持续低音,可谓是传统音乐科技中克服能量限度的高度成就。虽然现代的电子音乐已可不受约束地发出超大、超长的音响,但是音乐美的构成仍然是波动的、脉冲的、律动的,遵循着有间隙的有限时值,用一个个长短相依的声音节律进行组合,以编织的方式存在着。

在建筑和音乐的编织中,材料的组织配置异常丰富。传统建筑中,以石材为主体的欧洲古典建筑或以木结构为主体的东方传统建筑,在它们壮丽精美的主体结构上,常配以金属、陶瓷或木材、玻璃和织物、涂装等;而在音乐方面,多种乐曲和乐队的组织形式,多种乐器的选择和配置,和建筑一样也可编织出无限丰富的音乐美景。建筑和音乐的原始材料虽然都是来自大自然,但是由于人的创造对它们进行了再次深度的编织,所以才出现了更高维度的美。

必须指出,建筑和音乐的编织并不是像大自然的造物那样仅仅在那些物质或物种天然的理化或生物的动力下进行。正如我们一开始所说的:建筑和音乐是人类为了补充大自然环境的不足而创造的。作为和大自然一起笼罩着我们的人为的环境、人工的"场",总是要追求与人的行为尺度和知觉空间相契合的"编织"。作为人类艺术的音乐,为实现其表达的功能,它仍在原本的美的规律支配下,运用人们可能达到的表现方式来传递情感。汽笛声再长,也会有长短变化和间隙,甚至还有不同的音调来表达指定的信息。这是音响信号最极端的特例,与音乐已不能等同。同样,墙体再长再大,也总是要按房间的规则排出序列的门窗。这既是建筑和音乐的功能,又和人行为和心情的需求密切相关。

蛛网和蜂巢的间隔单元大约是以厘米计算。而对于人来说,这种反映人类和人体的能力和需要的规律,也要局限于一定的空间、尺度和力度之内。这就是产生和形成音乐、形成建筑的物质基础。生命只有在一定力度、一定空间的限制下不断进行运动,才可能使生命在合拍中持续。这就是生命的节律。

建筑和音乐生成的过程也表现出同样的规律。6000年前我国西安半坡的仰韶文化聚落,出现了用树木支干为骨架,外面涂以草筋泥的半穴居建筑。建筑的尺寸已达到6m或更大,并有隔墙的二三间或更大的房屋。7000年前浙江河姆渡最早的干栏式建筑,就是从巢居发展而来的木构建筑,它用粗细为20cm上下、3～5m长的木材,按当时已十分艰难复杂的榫卯构造,建成了长达25m的有前廊的建筑。房屋的柱高约2.6m,进深约7m,前廊约3m,宽度适合人们活动所需要。

这就是为什么构成音乐和建筑的细节和部件,往往会表现得这样有规律而又有限度,虽富有变化但又绝不会过小或过大的原因。一旦出现某种情态的变化,那就意味着是在通过和常态的对比,引导某种感受的出现。这说明了问题的另一方面:建筑的这种编织,恰恰是人们的努力使它适应了与人们互动的空间尺度。这和在无人的宇宙里,自然力对天然物质的集聚和自然景观编织,是有很大不同的。

在建筑和音乐中,人为的编织一定会关联到人类行为和情感运动的尺度。如果说自然力的编织和集聚包含着更多的物理、化学和机械的因素,那么在建筑和音乐的编织中则包含着更多的从心理到人文的尺度表现。于是，无论采用什么建筑材料来搭建或装配，供人们日常起居就餐和活动需要的房间，大约在人体3～5倍的尺度，以适合人的家具陈设、举手投足和相互交往。若过小或过大往往不舒适。若出现特意的处置，那可能就是为了营造某种宽敞或压抑、宏伟或亲切的感受。除非是为进行某种特定的公共活动，才需要建造大的空间。正如美国建筑学者亚历山大所说：事物的形态特征"总是存在着模式的重复"(52)。

现代城市的高楼大厦中大量的房间，都是由接近人体尺度的单元空间组合而成，其他的部件则常在更小的范围以内变化，无外乎其中组合和变化方式更为复杂而已。所以，历史上民居建筑往往形成一定尺度的群落，"依山临江，地无寻丈之平，阛阓栉此，皆因势高卑，缚架楼居，牵罗诛茅，傥基附构，接密无罅……"（《云阳镇志》）。而这个群落的"细胞"尺度，包括居屋、厅堂、庭院，甚至街、巷、廊、桥都遵循着亲近宜人的尺度。对城市而言，一个数百米尺度的街区，其中十余米或数十米大小的建筑就是组成街区的"细胞"，这些"细胞"的尺度仍然来自人体对空间、阳光、空气的距离感的需求。在建筑中，人的行为尺度可以在空间上表现为人的体量、人的肢体运动的尺度，以及人的行为能力和行为需求的尺度（图3-6a、3-6b），甚至

图3-6a　意大利城市群落的机理。由人类生活容器单元编织成的街道和城市［作者自摄］

图3-6b　居住建筑群体房间的共同性，人的居住空间的尺度大多为3～5m，不会过大或过小［作者自摄］

涉及对视觉和运动需求的知觉。人们就是这样来感知、接受、遵循和评审他面对的建筑。

当然，现代人可以用混凝土浇筑整体的水坝或碉堡，那应是为极端安全所要求，已脱离了人性的常例。但当它一旦受用于人时，哪怕是城墙，都会出现一些按功能构件和人体尺度生成的单元部件。也正因为如此，万里长城绝不可能仅仅是一道用砖块砌成的单调的"伟墙"。长城也可说是建筑概念中极端超长连续的建筑特例，它不得不随着山势蜿蜒曲折，不容间断。沿着长城按地形和间距建造的一个个敌楼和烽火台，都是择要点而设，遵循着间隔和节奏的规律。在那看似单调的城墙之上，还有按守城士兵和弓箭手防守搏击的人体工学而修筑的箭垛或雉堞，也都是按人的尺度、能力所要求的条件筑成的（图3-7）。毫无疑问，当年古人在那边崇峻岭之中不可能有意雕琢任何视觉艺术，是建筑因人的行为和尺度而编织，从而产生了这样富有人文意义的节律，形成了万里长城那富有独特

图3-7　万里长城，由战斗组织和士兵人体行动，决定了烽火台、敌楼、雉堞的布局节奏和尺度［作者自摄］

韵律和音乐般节奏的壮丽景色。

我们所说的建筑和音乐编织，不仅受到材料和技术的可能性、能量的限制，也依需要的限度适其而为。最强或最弱的音必须在人耳可接受的范围内，过小或过大都是无意义的。人们在建构每一个事物的时候，都必然会为实现其功能、规模和实整性而追求一种整体感，但在实现的手段上却不可避免地要采用组合、编织堆积的方式。这种方式的特征就表现为或决定了事物的形象特征，如：建筑的木构、钢构、石筑、土筑或竹结构等等，编织物的棉织、毛织、针织、丝织或提花、镂空等等，音乐的独奏、重奏、协奏、管弦、丝竹、合唱或按主调、复调的织体等等。

简言之，有了人类的创造，才有了人类以编织的方式所创造的建筑和音乐。建筑和音乐不仅具有自身强烈物质特性的编织体系，它们又和人的行为特征、人体工学和生命节律有着密切的吻合。建筑和音乐从结构体系到艺术表现的通感，正是由于两者都具有这相似的基础。

建筑和音乐的意义不仅是指表面形式的美，它更和人的情绪的感动相连。人体生理的自然节律，也表现出同样的单元式和节奏性，如心律的往复式，呼吸的连续节奏，人的行走、劳作和舞蹈的动作组合，都可以看作是一种运动的编织体。这些运动都会和人的身心律动和人的心理发生关联和策动，进一步来影响人的情感。在音乐中，一串音型的流过会引来一种美的体验，也可能触动一阵心灵的悸动。这种感觉和我们看到建筑中一列沉重的柱体或一排耀眼的亮点和光色的感觉很是相似。

我们知道，在信息表达中，在同样的时间内用单纯连续的信号，不如用间断往复的信号冲击具有更强的表达力，贝多芬第五交响曲的命运主题具有如一列古典石柱那样的力度，就是例证；建筑也常有用一列厚重的石墙来表现力量的手法。又如威尔第的《命运之力序曲》，一开始就用三个厚重的长音，所呈现的力量就有令人屏息的魅力。这说明往复式的叠加和组合的感染力。这种方式虽然是因为发力和输送能量受到限制而必须采用的方式，但恰恰因为它和人类的生理、心理的律动相合，从而使这种方式具有最强的表现力。门德尔松的《仲夏夜之梦》用阵阵轻快往复的闪动表达出一种幸福心情。对于这种美感我们是不是也可以通过能量之手的指引,使无形的音乐联系到有形建筑的想象中去呢?

我们可以说,能量单元的编织构成是建筑和音乐生成的共同特点。纺织工程、工艺编织和舞蹈艺术也具有这样的生成规律。舞蹈作为人体造型的时间艺术,是以人的形体的一个个动作单元,由动作系列连成的。它的每一个形体和跃动都由于能量输出的限制而不可能过大、过强、过高,也因人体形象尺度而使形象保持在一定的限度之内,因而产生了它特有的变化、重复、律动和再现,展现了它一定的节奏、步态的规律。纺织也和所有其他的工艺品编织物一样,它由细小的纤维、草茎或枝条,按一定的结构方式编织成大面积的产品,构成了编织物具有的形态;而纤维织品则是由最微小的纤维织成极大幅成品的。正如建筑和音乐,它的成品规模之大和构成单元之细小精致,成为它们的艺术特色。这种特色是其他艺术形式的生成过程中不可能发生的。所以音乐中有"织体(texture)"这个术语,特指音乐中的声部结构。音乐的各声部中包含着繁简不一的互相结合着的旋律线、低音线、旋律音型、节奏音型、和声音型,它们上下交织,形成一种编织状态,表现着音响的丰富和变化,使音乐富有色彩和层次感、运动感。以贝多芬《月光奏鸣曲》为例,对于如下一个优美的和声结构的整体形象:

作曲家采用三连音分解和弦的流畅音型的织体，营造出朦胧夜色下月光如水的美好意境：

有如对于同一建筑的结构布局，优选怎样的建构类型如砖石、木构或钢铁、混凝土，甚至还有桁架、网架、悬索或穿架斗拱系统，不同的选型都会造成建筑构造"织体"形象的不同。我们在看建筑无论是室外还是室内的细节时，都会感觉到它与音乐都具有可作类比的"织体"。

"织体"这个概念来自纺织学，但并没有用在中文的纺织学术语中，却成为一个音乐中独有的术语。"织体"在音乐中极具表达力它应该对于建筑形式也是十分有表达力的。作为能量元编织的系统，建筑和音乐艺术就是它们的编织形态的总合，而它们的种种"织体"就表现在建筑和音乐的结构之中。期望术语"织体"今后会更多地出现在对建筑的表述中。

第四章
符号纷呈的花园

　　在人类生活的世界中处处布满着符号,每当人们需要表达和交流时,符号便登台了。人在思维和行动中会形成交流和认识的规则和约定,如语言、行为、计算、演示等。在交流活动中,各种现象和表达都会指向一定的含义。这就产生了各种系统中的符号。

　　符号是人们自古以来就认识的,而且是广泛运用的。20世纪初,索绪尔的《普通语言学教程》就提出"言语、语言"和"能指、所指"这些概念,引发了从语义符号学到种种结构系统符号的研究。符号学的出现,使人们对自己所处的这个世界和人类在这个世界上的各种创造、思维和表达,有了更深的认识。法国符号学者罗兰·巴特把符号学的认识扩展到社会人间的日常生活、科学技术和文学艺术甚至流行服装领域。罗兰·巴特对符号运用的阐述有:在"交通代码中灯光的颜色是行车指令",以及"使用雨衣是为了避雨,但它同时又成为表示雨天气候的符号",说明对符号的认识已扩展到非语义甚至物质性符号领域。美国符号象征论学者美学家苏珊·朗格,把现代语义学(Semantics)与符号学(Semiotics)的理论与方法应用于建筑、美术、音乐、舞蹈等多门艺术的美学研究[10],使符号的认识空间更为丰富而广阔。宇宙天地和大自然物质世界一切事物,如风、花、雪、月，梅、兰、竹、菊，无论作为诗词书画还是实景本身，都可以成为表达特定理念和情感的符号（图4-1）。语义符号可以通过概念和逻辑、情景来描述世间万物的形态、故事情节和人们复杂的思想观念。而物质性的艺术符号则不同，它虽然不作描述，但却能以物喻情，直接而具体地发出言语可能还未传达的意念，进而引发人们内心情绪和情感的生动、微妙

图4-1　梅、兰、竹、菊，在中国的传统文化中都可以是表达特定理念和情感的符号［网络资料］

变化。比如，作为天体物质的月亮，在世界上不同文化的文学、音乐和生活的情感、时间、场合或宗教等语境中，它的符号意义就十分丰富（图4-2）。

图4-2　月亮作为一个大自然的天体，在人的思想情感中成为含义丰富的物质性的非语义符号［作者自摄］

　　同样,种种非语义的物质元素在诗歌、舞蹈、工艺美术、服装、装饰艺术里,呈现出各自的符号系统和意义表现。建筑和音乐是人类为了生存和美好而创造的。当人们进入建筑和音乐,也就走进了它们的符号系统。我们都知道,乐谱中有音符、表情记号,而建筑设计的图形和图例、标注则是创作设计表达的符号。音乐和建筑的实施者就是按照这些乐谱、图纸来演奏和建造的。按符号学的概念,这些图纸或乐谱应属于非语义符号。但是无论是画在纸上的建筑图形还是乐谱的音符和标注,都完全是视觉的非物质的专业技术符号(图4-3)。它们所表现的仅仅是传达要

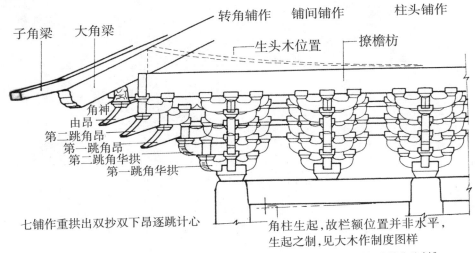

图4-3 建筑图是建筑形象的建筑的表述性符号,如同乐谱的记述[作者搜集资料]

求或记述信息,也就是说它们仅仅是些虚拟的符号,并不能够直观地向人们表现音乐和建筑的感受。只有通过专业的眼光辨识和理解,这些符号的内涵才能被认识。而人们对于音乐和建筑的感受,是建筑和音乐作用于人的视听和身体、心灵的感觉,是直接来自作为振动空气的声波和音响或作为土木实体的建筑物。这些都是直接物质性的存在。它们因为常会拥有直接作用于人的身心物质信息,因而具有纯粹的不可言传的艺术意义。它们的特点是无言的、物质性的。强调它们的"物质性"是为了区别

于那些以语言和图像形式呈现的符号。在我们观看到真实月亮时，若把它看作是某种精神和情感的隐喻，此时月亮就会传达出更为生动的符号意义。至于真正实在的月夜的场景，则当然更具有月亮图形所不能达到的物质性魅力。图4-4示建于北宋年间（公元999年）的松阳延寿寺塔局部实体照片，你可从照片感受一下这建筑实物场景的直接的感染力。

图4-4　松阳延寿寺塔局部。亲眼看到建筑的实体才是建筑物质性符号，和耳闻的音乐一样，才能有直接的感染力［作者自摄］

　　建筑和音乐的非语义符号表现多样、系统而宏大，而且题材品类广泛，形态无穷。建筑和音乐的符号系统，是在人类文化的数千年中不断积累和丰富起来的，这一历程中也包含着建筑和音乐在语言和符号体系间不断的交流过程。这种独特的交流是多么宽广而动人，在我们面前呈现为一个动静交融的符号的花园。

　　音乐的音响和建筑的形象作为符号,可以表现在它的整体结构上,也可以表现在它的局部和细节中。音乐中一段旋律或一组音响,一个主题或动机,甚至一个半音都可以在它的进行中表达一个含意;建筑中一个形体、一组窗门、一个装饰甚至一片阴影,也可以成为引发某种感受和行为的暗示(图4-5)。而且在不同的场所,同样的符号可以有不同隐喻。

图4-5　利马古城,建筑中一个形体、一组窗门、一个装饰甚至一片阴影,都可以成为引发某种感受和行为的暗示[作者自摄]

作为编织体的建筑和音乐，在它们的肌体中必然是符号无处不在，而在总体上则由此形成了篇章、秩序、节奏和韵律，等等。这一切的具象化决定于编织中构件的类型和组织。显然，这一系列构件从生成机制来看就是能量单元，而从不同的审美和情感表现来看，则是符号。

让我们以建筑和音乐的基本要素"节奏"和"线"为起点，来讨论建筑和音乐非语义符号。节奏和线是音乐和建筑共有的最基本的组织形态，所有能量元和符号的产生和表现，都必然在节奏和线的组织之中，而在节奏和线之间，"节奏"又是更为基本的要素。但凡有建筑或音乐的能量元出现，即便是极其简单、极其单一的构件，一串音响或一组石阶，它的秩序组织中都会有"线"的表现，同时亦绝对呈现着节奏。所以，谢林在《艺术哲学》中盛赞节奏的表现："节奏属自然和艺术的最奇异的奥妙；看来任何其他产物都不能以其特质更径直地动人心弦。"在音乐中节奏是时间的分度，而在建筑中节奏是空间的分度。节奏恰似人的足步和舞步，不仅是时空的度量，又是结构的支持。音乐的时间节奏之美是在与人的生命节律的对照中表现的，如坚定、柔和、舒缓、急促等种种组合；而建筑的三维节奏感受也是在和人的生理尺度和生活期望的对照中呈现的，如明快、隐约、宽广、密集等。节奏的种种效应来自它对人的生命动态的引导和激发，如军鼓、腰鼓和喜庆的锣鼓的激越，吉他的浪漫和古琴的悠扬；而建筑中构架、墙体、门窗、栅栏的序列和组合，也无一不在体现着节奏，在千姿百态的建筑图景中，如果没有这些实体的节奏，一切都会荡然无存或沦为凌乱。

拉威尔的《波莱罗》舞曲是一个很好的例证：音乐以一个基本的节奏为构架，在色彩丰富的变奏中形成乐曲情绪的渐次高涨。终曲气势宏大，好似一个依山势而起的建筑群。它的每一个单体都有相似的构架和柱体，建筑的坐落渐次升高，形体和色彩各有变化而浑然一体。在如此的音乐和建筑中，节奏的格局必定成为统领始终的要素。

节奏是音乐和建筑的符号，它与"数"的关联是一个重要的话题。和所有其他音乐的符号不同,节奏是关系音乐全局的符号。同样,我们也可以在建筑中看到节奏在全局中的展开。正如谢林所说,"一切当之无愧的真正美者,实来自节奏。""击打或音素……一旦其中出现一定的规律性……我们的注意力就会被牢牢地吸引。""节奏是音乐中之音乐成分"而"旋律无非是整合的节奏。""建筑艺术,作为雕塑中的音乐,如音乐将建筑、和声以及旋律范畴纳入自身。"[1]也就是说,建筑是以其鲜明的节奏性来表现音乐的感觉。在音乐里,人们可以忘却缤纷的旋律而沉浸于动人心弦的节奏之中。人们忘情地享受节奏的那一刻,是多么酷似当目光浏览着阳光下的浮雕或是暮色之下柱列的剪影,那统领全局的强烈驱动使人完全融入美的氛围之中。于是,某些"节奏"的"型"之美也就作为骨架和支持,从建筑美或音乐美中抽象而出,凸显于建筑、音乐之间。

从轻重、缓急的维度上来看,节奏在音乐和建筑之间还有更多的表现。当人们在符号系统中用言语指为"轻、重"或"强、弱"时,它们在建筑、音乐以及在力学、文学中所指的意义是不同的。在文学中的"轻"一般是指写作的次要的或落笔不多的部分。建筑中的"轻"虽然也包含着物质和力学上的轻的意思,但又往往是建筑中重要的富有表现力的部位。在古代,建筑上"轻"的部位往往是那些精雕细刻、锦上添花的部位。而到了现代建筑中,由于高强、轻质、透明材料的发展,人们能够用各种新材料大规模地表现"轻",而成为一种时尚。另外,建筑中从全局到细部的那些简洁或细腻的形态也会表现为某种"轻"。至于音乐中的"轻",自然是指音量的小或弱,和建筑的力学概念相近。但同样,音乐中的"轻"必然也常伴随着以不同的精准着力方式给人以细腻而美好的、迷人的艺术表现。与建筑的精致相对应,音乐的轻常和力度、音色的控制相关。"轻"是一个丰富而耐人寻味的世界。

说起"轻重和强弱",人们直观地在建筑和音乐中都能联想到力的大小。无疑,"力"和"重量"相关,于是往往也能在心象中产生体量和音量的联想,比如建筑的巨大形体可关联着气势磅礴的音乐。在音乐中"强"或"弱"

的感受,还可能出现与空间上距离或视野的关联,或者直接表现为音乐和建筑的力场的大小(图4-6a、4-6b、4-6c)。这就又让音乐的某种强大与空间的

图4-6a   宏伟而轻快的现代建筑(巴黎德方斯)[作者自摄]

图4-6b   轻盈华丽的建筑装饰[作者自摄]

图4-6c   现代建筑中举重若轻的入口标志(杭州西湖文化广场)[作者设计、摄影]

压抑、迫近感发生了关联,而渐强或渐弱当然也可以是运动中空间距离的变化。

至于"缓、急"或"慢、快"作为符号,它在音乐中的所指是速度,是音符的时值和发音间距的组合。而那些可能在生活中被称为"快"的"短促、跳跃、密集",在音乐的声效中又会关联着多种不同的情景。联系建筑图景,有如建筑中的种种突变、转折、叠置,和力量、光线或空间方面强烈或频繁的变化等。关于建筑和时间的关系,可以从建筑空间视觉的动力性角度来体验,这将在后文再作讨论。我们在这里可作提示的是,在目光扫视的过程中,建筑图像变化和构件密度加剧以及浏览速率的加快,可以关联着时间艺术中的"快"(二维码:快与慢)。

快与慢
40s

线,是建筑和音乐非语义符号中的又一个重要符号。若要感受建筑的线,首先是轮廓线;而感受音乐的线,首先则是旋律线。在音乐中,线是时间坐标上乐音的高低变化,这可算是建筑和音乐之间最直观的一个关联。当然,建筑的轮廓线首先是横向展开的天际轮廓,然后还可以沿不同的方向和脉络扫描出多种动线,这些动线的扫描也与时间相关。而对于音乐,直观地说线就是常言的主旋律,进一步还有隐藏在和声中的线和各种复调音乐中的交织的线。它们都可以让人在建筑和音乐之间产生很多联想。这种"线",短可为分秒、咫尺,长可为通篇、连城。线,几乎可以勾画出建筑或音乐的全局。线当然也可以与点、面交替或交织汇合而展现。线的多重交织在音乐中可以组成复调音乐。复调音乐在多重声线之间那种整体的情态呼应和内在的结构对位,也能在很多建筑的形态构成中看到。在线的关联方面,还可以有位置、上行、下行或突变、跳跃、间断等变化,都会发生一些相应的心象和情绪,如振奋激越、松弛晦暗,表现某种冲突和对比等。我们也可以借助绘画来理解"线"的种种可能的表现。

以线作为建筑和音乐符号关联的开局,这里特别值得提出的就是拱形线。拱形结构,是一个在建筑和音乐中共有的术语。拱是为人们熟知的象征柔和浑厚的弧形线,在建筑中表现的是力场的视觉稳定。用拱构成的空间常常伴有低沉、浑厚的声音混响,所以拱的视形和声形都是和柔和的心象相联系的。同时拱还有一种习惯的对称和首尾呼应的特征,就是旋律从低走而上扬,再下行低回而稳定的一个过程。这样,音序记在五线谱的坐标上恰似建筑的拱形,音乐中也把这种首尾低而中间高并在时间上对称的结构叫作"拱形"(二维码:拱形旋律),它可以出现在乐曲的一句中,也可以呈现为整段音乐。它表现的也是一种安定和谐的心象,如英国民歌《多年以前》:

拱形旋律
1'56s

在音乐的处理中还有渐强转渐弱,同样具有弧形的特征。这种两头细中间粗的橄榄形的特征,也可作为拱形的形态。拱形是一个在高低或强弱之间有变化又有稳定的形态。当然拱形还有多种表现,有时在一个拱形的总体之下也不乏曲折和波动。这在音乐和建筑中普遍都有表现。中国传统的石拱桥和传统乐曲《彩云追月》,正是建筑和音乐都以拱形结构表现优美变化、柔和稳定的范例。

阿尔罕布拉宫
3'04s

西班牙格拉纳达 13 世纪建筑阿尔罕布拉宫,和同名西班牙吉他乐曲《阿尔罕布拉宫的回忆》(二维码:阿尔罕布拉宫),是建筑和音乐以"拱形"语言表现的优美范例。温柔流畅的抒情乐句极具传神地契合着阿尔罕布拉宫宫廷院落中秀丽多姿的拱券、游廊、厅堂、穹顶和水景、花园。乐曲不仅传达了人与建筑之间情景交融的美好意境,吉他拨奏发出的粒粒珍珠般的音响恰又再现了宫中遍布柱廊、拱券和壁面上精美致密的浮雕装饰。这也是质感——肌理之美在建筑和音乐之间关联的表现。

图4-7a　中国传统的石拱桥,它的祥和与舒展恰似中国乐曲《彩云追月》[作者自摄]

图4-7b　意大利维罗那古竞技场的拱形结构[作者自摄]

图4-7c　西班牙阿尔罕布拉宫,精致优美的的内院拱券[作者自摄]

　　"柱"则是建筑节奏中更为基本的元素。柱属垂直的空间符号,对于建筑是支持空间的构件,如各种古典柱式。各民族地区和现代建筑都有不同的柱构件。柱的比例的表现中也包含和音乐关联的艺术符号(图4-7a、4-7b、4-7c)。在古典建筑柱式中,有象征男性粗犷雄壮的多立克柱式,也有如女性般柔美秀丽的爱奥尼柱式,它们以不同装饰和长细比例,表现出不同的空间感。相对建筑"柱"而言,在音乐中同一时间的垂直关系则是构成了和声,不仅表现着色彩,同时也传达着空间感。这种场景和心象从古典到现代,已成为符号运用的经典范例。从建筑体验也能知道,那种单薄而缺乏和声的音响，给人以无力或干涩的感觉，而浑厚的和声则是来自宏伟厅堂的体验。和弦有序的出现，就好似建筑柱列的布局，呈现了建筑和音乐特有的律动。

在音乐和声织体中，和柱的概念相关的，还有"柱式织体"（Column Texture），意指组合进行的和弦（图4-8）。多重音上下对齐的和弦集群，给

图4-8　音乐的"柱式织体"和弦，就好似建筑柱列的布局，呈现了建筑和音乐特有力度的垂直感［作者自摄］

予人们一种柱式的垂直感、重叠感、重量感、组合性；而和弦密度的安排，则显著地影响到音乐的紧张度或严肃感。不同节奏竖向韵律的处理，可以形成进行曲式、警号式甚至更加亢奋、激烈或宏伟的编织。在建筑中，

柱列、柱廊或柱的矩阵都会以各种面貌传达出如音乐中和
弦织体的庄严和力度感。如果我们听肖邦的波罗乃兹舞
曲,就能体验到这种柱式织体的感受,如下《军队波罗乃兹》
(二维码:军队波罗乃兹)是表现波兰贵族军人威武刚毅身
姿的华丽庄严的踩步式舞曲。

军队波罗乃兹
55s

乐曲中多音组成的柱式织体和弦,表现着那种气势豪迈、垂直坚定的
力,和一些建筑柱列所展现的垂直、坚实甚至严肃、沉重的力度,有着强烈
的呼应。这种呼应甚至还直接显示在建筑立面和钢琴乐谱的页面之间。
柱式织体,如门德尔松的《婚礼进行曲》也非常典型。曲中辉煌旋律的和
弦进行,描绘着婚礼厅堂之下轩昂隆重的场面和那庄严的厅堂柱列下的
步态。"柱式织体"或还可让人想起肖邦《降b小调第二钢琴奏鸣曲》第三
乐章:葬礼进行曲,它也是以重复的主和弦为基础,垂直、矗立式地呈现那

种悲壮、沉重的推进。在历史上,因为建筑及其理论和术语发达在先,自然地,"柱式织体"大概是音乐借用了建筑的概念。从以上示例可以看出,建筑术语用于音乐的描述,能有怎样的表达力!

从"柱式织体"的强劲垂直感,必然会联想到横线条和竖线条,这是建筑造型上最常见的表现形式。建筑的学习者,甚至非专业的建筑评论者都知道,建筑立面常用竖线条表达严肃的性格,前述建筑和音乐中的柱式结构和织体,都属于竖向而严肃的表现。就横竖线条来说,它和人情、人的心理神志也是有关联的。人们心情严肃时,脸一沉,面部下拉的表现就和竖线条相关,反之可能是横线条。横向组合的织体显得舒展、悠扬。从人的面部表情看,嘴角和眉宇的舒展表现为轻松愉快,其心灵的感应也是自然的。这和建筑音乐似乎是一种天然的巧合。横线条表现轻快的性格,也可能伴有起伏、交错、对比等等,这已是通俗至极的建筑和音乐的表情。有趣的是,倘若织体的构成元素离开了垂直的柱的柱式和弦,就可能出现建筑中的横向流畅线型,或音乐中的琶音、回旋动荡的音响、连续飘逸的织体,与此对应的建筑和音乐就可能显得舒展、悠扬或更浪漫。在这里可作为建筑示例的是奔驰博物馆的建筑形象(图4-9)和奥芬巴赫

图4-9　奔驰博物馆的造型为了表现流动感,甚至让建筑的垂直立柱都尽其所能地消失了[网络资料]

的《船歌》对照(二维码:奥芬巴赫船歌)。

音乐中的"贝斯(Bass)",可能是借用了建筑的术语"基础",描述了对应空间关系和内在结构的心象。从直觉上说,低音关联着大尺度的乐器和发声体。大型物体的运动和冲击、较大的尺度和体量、较低的自振频率,或自然界的山谷回声等,这些都使人们联想到建筑物的厚重基础。和建筑上部的精致和生动华丽的造型相比,基础相对的沉重和粗壮恰似音乐的低音部。文艺复兴的发展推动了器乐与和声的进步,才使音乐中的低音得到了如"基础"那样的支持功能和重要表现,于是产

奥芬巴赫
船歌
44s

生"贝斯"这样的形象描述（图4-10,4-11）。

图4-10　低音（贝斯）提琴和鼓，形象和构造也都较厚重，在乐队中是基础的角色［作者自摄］

图4-11　新汉堡易北爱乐厅，它厚重的台基给上部的主体建筑以有力的支持［网络资料］

　　在这里，讨论已经涉及空间与和声的联系。关于和声，根据艺术的通感、联觉的多维性和想象力发散性的规律，它与空间的感受也极具相关性。20世纪音乐家斯特拉文斯基在他的现代音乐创作中，突出地提出了和声与空间的关系。

　　至于"拱形""柱""贝斯"在建筑和音乐之间，究竟是谁借用了谁，可能尚模糊而难以说清。在欧洲文化中自古希腊毕达哥拉斯、柏拉图、亚里士多德，古罗马维特鲁威到中世纪、文艺复兴的两千多年间，关于建筑和音乐的研究理论层出不穷，建筑和音乐更都成为宗教精神的重要领域。大教堂的主持建筑师"应是一位精通和谐的神圣法律的人"，而"上帝是具有创造性的建筑师，他将宇宙建造成他的华丽殿堂，借助音乐中和音的微妙序列，来组织创造物的多样性，并使之和谐一致"[27]——这是基督教自古罗马神学家奥古斯汀以来就形成的观念。因而，建筑和音乐艺术理论在漫长的中世纪与神学同行，又和教会把控下的"七艺"一起成为当时的学术。从中我们可以看到关于建筑与音乐问题的探究，一直迁延在欧洲文化和宗教历程之中。

线、柱和基础,仅仅是组成建筑和音乐基本构架的元件。音乐中非常重要的元件还有涉及音乐主体和全局的母题、动机,主题的再现和变化,以及重复、模进、对位、模仿、倒影、倒置、变奏,等等。这些在建筑上也有相应的表现。

建筑和音乐美好的造型和旋律的理念是怎样构成的? 一个建筑、一首乐曲的特征来自何处? 这些问题的回答,都关系到这个建筑或音乐作品有一个怎样的主题。在文学、绘画中,主题是要通过理解和分析才能用言语表述出来的。可以说,建筑和音乐的所谓主题就是它的或"凝"或"动"形式的核心表现,也就是它的构筑和音响的直接登台。这个主题表现的核心"细胞",在建筑和音乐中有一个共同的单元,就是Motif——母题。

建筑图形术语"母题",也就是音乐表现的术语"动机",二者如出一辙。对于建筑或音乐作品的风格、个性或特定的主题构成,"母题"或"动机"(都是 Motif 汉语译词)是最基本的决定性的元素,如希腊古典建筑的柱式和檐部样式,古罗马建筑的拱和券,文艺复兴时期出现过的经典的帕拉迪奥母题。悉尼歌剧院那一组贝壳式的造型(图4-12),是其中的典型

图4-12 悉尼歌剧院屋顶造型的贝壳母题[作者自摄]

范例之一。中国传统建筑的凹曲线屋顶和山墙样式,如悬山、硬山、歇山,都属于地域和时代的母题特征性建筑例子(图4-13)。

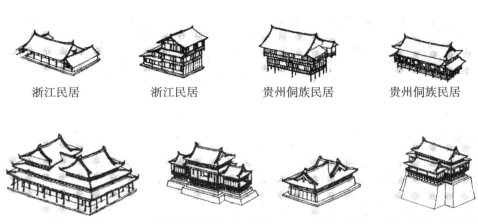

浙江民居　　　　浙江民居　　　贵州侗族民居　　　贵州侗族民居

四川成都清真寺　　宋画金明池图中临水殿　河水正定关帝庙　宋画龙舟图中的宝津楼

北京圆明园天地一家春　北京圆明园万方安和　福建泉州奎星楼　福建泉州蔚林亭

图4-13　中国传统建筑形象,结构和屋顶都有相似的母题元素,但在不同地区和民族各有变化[网络资料]

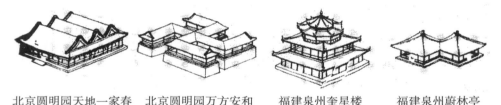

　　在音乐中,"动机"也有同样的表现。不同时代、不同地域的音乐,如巴洛克和古典或浪漫时期的音乐以及含有五声音阶特征的东方传统音乐,都有不同的音乐元素。简言之,任何时代的一首特定的乐曲或一支歌,它能够被人辨认和产生特定认知的乐句,必然包含着乐曲的基本母题这一独特的"细胞"。

　　建筑或音乐中的母题或动机往往只是一个"微结构"或几个小小的"细胞",但它们贯穿全局,相互穿插,形成一系列难以忽略的符号认知。在音乐中,如贝多芬《命运交响曲》的主题,它的"动机"为4个音符组成的音型,时而强烈,时而悬疑,时而踌躇,时而狂放,成为全曲无处不在的"细胞"和支点(图4-14)。而同为贝多芬的《热情奏鸣曲》,它所包含的另一些简短音符组成的"微结构",也在乐曲中演绎了另一番激情。在建筑中,中国传统建筑装饰的"冰裂纹"和"鸟巢"式北京奥运场馆的建筑表现,都是来自同一个"微结构"的符号。

图4-14　贝多芬《第五交响曲》(命运交响曲)的主题动机展示在第一乐章,在第三乐章则呈现为执着的冲突,又在第四乐章转为活力、激奋的情境[作者自制]

"动机"和"母题"在这样的组合、编织和变换之下,就可以构成音乐主题的乐句或建筑主体形象。可以说,"Motif(动机或母题)"的神韵就是美好的建筑、音乐赖以构成的灵魂。音乐和建筑中经典的动机或母题,已成为人们受用不尽的艺术瑰宝。

音乐构成与建筑表现的符号对照极其丰富。除了前述的柱式和弦(叠置式对位)、横竖线和基础外,还有音阶式进行(连续上行、下行)、和弦转位、分解和弦(叠置物的解体,垂直向阶梯的转化)、拱形结构(旋律的稳定感,低高低的首尾呼应)、重复(相同轮廓的再现)、模进(轮廓或形象的相似性发展)、反向进行(镜像图形,空间的对比)、基础低音(重与力的空间感)、紧拉慢唱(疏密相衬),以及装饰音、震音、弹拨、颗粒感、平行和声音程、休止与空白等。这些都能在建筑中看到相应的布局和表现。以符号学概念来看，这些"言语"的共用，反映了建筑和音乐在"语言"上的相通。这里与母题或动机相关的，还有一个在建筑和音乐中不得不提的关联话题，即重复、模仿、模进、倒影、倒置、变奏等等。

"重复（Repetition）"和"模进（Sequense）"有些不同。重复，在建筑和音乐中就是用相同的模型再现，以延伸空间或延伸时间；从结构和篇章的功能上说，就是以复制的方式延伸规模和强化情绪、加深表现。重复可以发生在一切艺术和表达中，包括在语言、文学和诗句中。它往往是在特定的节点上，用来表现重要性和提升注意力。虽然重复可以是文学描述中的忌讳，但总是表现在诗歌的节奏中。在建筑和音乐中，重复往往表现出强大的物质功能和精神感染力。

建筑和音乐中构件的重复出现或重复排列，往往是由它们的内在结构形成的，而且是经常发生的现象。建筑上的重复来自建筑功能组成和构建的必要性（图4-15）。必要的规模决定了重复的必然，如重复的立柱、

图4-15 建筑的窗型、饰线和屋顶的尖锥形都是母题变化组合——重复、模进的丰富表现［作者自摄］

砖石,同样的门窗、花饰,重复的楼层、房间,等等。当然重复也穿插在变化之中,存在于和变化的对比之中。大规模的重复使建筑能够实现自身的空间规模和功能(图4-16,二维码:芭蕾舞胡桃夹子)。如果没有重复,建筑往往只能

芭蕾舞胡桃
夹子
54s

图4-16 中国侗族传统鼓楼,别具特色的建筑母题和模进、韵律之美[高雷摄影]

成为一些小品和片段,或者沦为一个破碎而混乱的堆置。对于音乐,上面的概念和假定也同样成立。在音乐中,重复是持续的时间中秩序的基础。如果没有那些动机、音形、和声和节奏的重复,即语汇、构件和色块甚至乐句、段落的重复,那么整体的音乐就无法继续。重复中包含着结构性、统一性、表现性、识别性等方面的内容。认识建筑和音乐"重复"的表现还要从物质和能量元编织的律动特色来看。在建筑和音乐的生成方式中,编织就经常以往复的运动来完成能量和信息的传送,如建筑装配时吊车的运作和小提琴演奏时的上下运弓,而重大的传送就可能伴随着重大的往复运动,如夯锤和击鼓。音乐演奏和建筑修造通过往复运动,把各种

重复的信息刻印到它们的动作中，这就是建筑和音乐以重复为同一特色的物理学根源。

当然，建筑和音乐中的重复不是绝对的简单重复。如果在重复中加入一些推进的变化，在音乐中就呈现为"模进"。模进在音乐和歌曲中随处可见。如果说重复是一种拷贝式的延伸或强化，那么模进在音乐中就好似文学和诗歌的排比句式，以相似的再现呈现一种情绪的递进。"模进"即 sequense 这个词的汉译很传神，作为建筑师，十分希望在建筑的解读中引进"模进"一词，因为建筑表现在变形中的复现，是随处可见的现象。其实，"模进"的图像更为普遍的表现是：当我们在建筑空间透视中看到一系列相同或重复的形象时，它们所表现的视觉变化就是某种模进的序列。而模仿、倒影、倒置，就几乎能够直观地想象出它们在建筑和音乐中可以发生怎样相似的表现。简言之，音乐的"变奏"技法在建筑表现中也是随处可见。

作为展现实体形象的建筑有一个基本的要求，就是建筑常需让人们有反顾回望的可能。建筑的各种重复、观察的自由选择，体验的时序、再现或回顾，是可由观众主动进行的。但在音乐里，这一切都是安排在既定的次序之中。音乐只能向听众提供表演规定的时间顺序，于是在音乐的曲式篇章中，用乐曲的初现、呈示、变化和再现等，也必然要求呼应如浏览和反顾回望的心理需求，而器乐演奏则使音乐在音色、和声、节奏和动力表现等多方面都具有极强的感染力。音乐中对"重复"的运用经常伴随着变化，好似人们在运动中从不同角度观察和体验同一事物，加深着对音乐场的感受和认识。在这里，建筑感受的丰富性在音乐中也找到了响应。

在进行建筑和音乐的符号关联讨论中，需要再强调一点，即：在这两个不同的艺术结构之间，形象或联想思维中的人们所感知的符号表现出交错性。由于符号系统的不同和联想表达的差异，有可能发生种种概念的借用或错位的状况。

在音乐或物理的声学概念中，声音的高低都是指声音频率的高低。

但在通俗中文语言或在日常生活的口语中所说声音的"高""低",往往指的是声音的大小,即在中国日常话语中的"提高嗓门"所指并非升高发音的频率,而是指加强音量。当然,日常"提高嗓门"即加强音量时,也可能伴随发声频率提高,而且频率提高也有助于提高接收者的注意力或加强清晰度,说话人用力也会更多,声带也更紧张一些。但如果真是用那种只提高频率而不增强音量的方式,就会显得无用而可笑。这可作为在听觉方面符号表达中关联或错位的一例,对于我们了解音乐和建筑之间音响感和空间感之间的关联,是有意义的。

在符号关联的维度方面,音乐之所以神奇,就是因为音乐中的数字比例关系有着多维度的表现。在自然音阶中,三度、五度、六度音程和八度音程间形成了许多比例明确、色彩鲜明的乐音。在音乐中的音程、和声或比例中,在直觉上可感觉到色彩。而和声或分解和弦在具有色彩意义的同时,还可表现为空间和距离的感觉,也可以被描述为进行、跳跃、上行、下行的运动和力等。在自然音阶中产生的这些不同数字的比例和空间关系中,除八度的倍频关系外,音程中的三度、五度、六度、四度都可使人们联想到几何图形中的简单图形比例。它们的鲜明程度如几何形象中的圆、正三角形、正方形那样易于区别。文艺复兴的建筑和美术构图分析中,引入了人体比例与几何图形相关的构图分析。有一些著名的分析图已成为古典视觉艺术的经典,其中包括黄金分割的经典规则。这些都和音乐的感受有着丰富的关联。音乐的大调和小调自然音阶的构成和人体的天然比例一样,都是人类对自身美的总结和确认,其中因为有生理的、心理的、人文的依据,故为人们普遍认同。

在视与听的关联方面,音乐中如欢乐可以表现为快速、升高而强烈上行的发展表达递增的情绪;而在建筑的手法中,高耸、挺拔、上行和渐次提高的形象和空间也激励人的情绪的高涨,这是两者关联较为直观的表现。

仅仅平行对应的方式还不能充分表现建筑和音乐关联。建筑与音乐关联的丰富表现往往呈现为不平行或错位的交流。这种不平行、错位的交流，反映了音乐和建筑内在结构的交流是可以跨时代和超越流派的。这正是所谓建筑和音乐之间的超维度、多元化的交流方式。这种多元的、超维度的交流在心理反应中层出不穷，且时时因人而异。这种差异和变化的原因就是因人而异的符号系统的变幻，变幻的原因来自心情、环境、文化的不同。比如短促和密集在建筑和音乐中会表现为某种多元的响应：精致的短促和密集表现轻快或华丽，而沉重的短促和巨大挤压使人产生压抑的心境。这就是建筑的尺度或音乐的音量所发生的作用。当然，其中也有材料、质感、色彩的作用。这种尺度的感应如果发生在音乐中，不同心境也许会通过配乐产生不同音色、乐器的频率、不同的织体和绝对的声强来形成。在对建筑的复杂韵律、复杂空间层次表现方面，也会有不同的知觉力。

当然，"复杂、细腻"和"单纯、简约"也不是完全对立的。这种精致或强烈的感觉，只有在建筑或音乐中可以直接产生，是没有什么其他艺术可以仿效的。建筑和音乐中的光与色，即建筑或音乐的明暗和色彩感觉，其实是来自人们接受视觉刺激的感受的联想，比如尖锐、耀眼和鲜明都与高音频有联系。色彩还关联着和声，而和声又返联到空间、力感和运动。于是，建筑和音乐之间关于光和色彩的关联就成为一个交错迷离而繁花似锦的园地。

明与暗
16s

光的明与暗，用言语表达为"亮度"的感觉，但在建筑和音乐中是指完全不同的物理含义（二维码：明与暗）。在建筑学中，明亮是指建筑物表现阳光或照明的效果、照度或明暗的对比度；而在音乐中则是指某种颇具吸引力的高音或含有某些高频泛音的音色。建筑场和音乐场中的"明亮"，会给人发出一种强烈、清晰和确定的印象。无疑，音乐中听觉感的"明亮"这个描述，是来自视觉，也包括它和建筑的关联。

从和声方面来看，明亮又关联着大三和弦或阳刚温暖的心象，或反之成为阴冷暗淡的心象。由于符号和知觉维度的交错,此时其心象即使处于混沌中也不无神奇的美感(图4-17、4-18)。明快和朦胧在建筑和音乐中都跨越了漫长的年代。

图4-17　希腊雅典卫城——明朗阳光下的建筑形象,如刚劲嘹亮的乐声[作者自摄]

图4-18　朦胧光线下的建筑环境,似伴响着一首阴柔安详的音乐[作者自摄]

如果把光的明暗扩展到色彩世界，那么音乐中相关的视觉色彩符号就是前面所说的简单数字比例的音程。它们关联着那些不同的鲜艳色彩。在建筑和绘画中，暖色和红色往往代表兴奋和吸引；而在音乐中，则包含着4个半音的大三度音程关联着暖色和明亮，它们是构成大调式阳刚性格的基础，即它们共同关联着阳光和兴奋，与此相对的是包含3个半音的小三度音程关联着阴冷和暗淡。在音乐的和声中，从主音、主和弦到五级音和弦，属七和弦，随着音乐色彩的逐渐丰富出现了减七和弦等等，直到出现多种的和弦组织，和声中不谐和、不稳定表现就更加丰富了。人们对各种微妙变化的丰富色调的认识，可以随着人们受教育、训练或社会的整体色彩流行和认识水平而不断丰富提高。对音乐和声色彩的认识也是这样，随着人的音乐体验更加细腻和音乐感知力的提升，人们对和弦色彩的认识感受能力也在不断丰富。

音乐家对音乐色彩的主观认识，曾有如下一些事例：对歌剧《阿伊达》，威尔第认为是蓝色的；对歌剧《唐豪塞》，瓦格纳认为是绿色；对布鲁斯风格的《蓝色狂想曲》，格什温当然认为是蓝色的。在用色彩评价音乐家的个人特色时，有人认为：莫扎特为蓝色，肖邦为绿色，贝多芬为黑色，瓦格纳为银色，古诺为紫色，等等。而对色彩和调性的关联认识上，牛顿认为：红橙黄绿青蓝紫，就是 C D ♭E F G A ♭B。进一步地，康定斯基在述及色彩和声音时认为：黄色具有"上升"的能力……相反，在蓝色无限的深沉中包含着"下降"式的对照性力度……大提琴的声音（呈下降的深蓝色）最终则是双音贝斯浑厚的低音……混合的绿色，对应于小提琴柔和的中音部。适当的色彩重合起来时，红色会令人听到大鼓强烈的敲击声。[9]

上述调性与色彩的联想应该与音乐家的性格、经验或作品有关。经验、生活、景观、听觉、人文背景都可能有变数，可以立足于不同的维度，从而对联想的认知带有很大的主观性。因而，音乐家们的这些联想也许并不具有普遍意义，但可以认定是一种随机介入联想。

在建筑方面，如果我们离开色彩，把不同的调性比作大楼的不同楼层,可以看到每个楼层都具有同样的结构,就像用不同的调性来重复同样的旋律一样。把音乐和建筑这样相互比较起来就会看到,无论是不同的调性还是楼层,越是向上就越富有光亮感和紧张感,而越往下就会越显得平淡或沉重。请注意:在我们关于音乐和色彩的讨论中,那个其实在音乐中并不存在的"色彩"不时地被比作调性,有时却又被比作和声。可是音乐术语"音色"的问题还完全不在我们前面的讨论之中。这是因为音色定义是来自声源的性质,而与和声无关。此外,色彩二字还可像在文学中那样用来描述某种风情和气息。也许这就是不同门类艺术符号的特点。听柴可夫斯基的《四季》,其音乐在进行中和声如雨雪阴晴般不断地转换,呈现了缤纷迷人的色彩。说到底,在音乐中把和声的效果与视觉的色彩相关联,才是人们普遍的感受,其中最重要的应是音乐中色调冷暖的感觉,而非音色可以描述。视与听之间色彩关联同样也存在于音乐与绘画之间。其实,音乐中关于色彩的用语就是来自人们对绘画以及对建筑和大自然的感受。例如,19世纪法国德彪西、拉威尔的音乐风格,就是由于和稍早一些的印象派绘画发生色彩感的关联而得名。这对于建筑和环境与音乐之间的色彩联想,是极传神的注释(图4-19)。

图4-19 莫奈的油画《威尼斯大运河》,印象派的绘画与印象派音乐有着异曲同工的色彩表现[网络资料]

　　建筑中冷和暖的表现除了和绘画的色彩表现关联,还有就是与建筑中光照和阴影下的色彩表现关联;而在音乐中,传统的不同调式就带有不同的色调,适于表现不同的情绪。自巴洛克音乐到古典浪漫主义音乐,确立了音乐的大、小调式,发展了相关的和声体系,使这时期的音乐优美动人,色彩表现是其极大的特点,如:大调和它的主和弦代表温暖和阳刚,而小调和它的主和弦则表现相反。对此,在世界已成共识。通常在音乐的进行中,在基本冷暖知觉之间还会有丰富的色彩呈现,就像我们看建筑、风景和美术时,在冷暖的对比之间我们还能看到许多微妙而绚丽的色和光。贡布里希提到,不同民族的语言对于音调会有不同的描述,比如在德语的表述中,大调(Dur)意为硬调,而小调(Moll)意为软调。[11]这和汉语的"阳刚""阴柔"也可相通,大体上都是音调对物质感受的关联。

　　把音乐的大调和小调按硬调、软调的概念来认识,对于丰富建筑和音乐之间的物质性艺术的联想是很有帮助的。

　　作为经典和明了的例证,我们可以看一下贝多芬的《D大调小提琴协奏曲》第一乐章中的副部主题旋律和对应的转调变化:

　　该曲在交响乐队和小提琴之间用大调色彩与小调交替对比,表现明朗和阴柔的反复转换。另外,这个副部主题转调是在D大调和d旋律小调之间,这样使其和声色彩更丰富的变化也随着半音化运用而发生。

　　再以中国乐曲为例。在中国音乐的"宫、商、角、徵、羽"五个调式里,中国古曲《满江红》,按中国民族调式为徵调式,可借用表现大调的和声色彩,而羽调式的《小河淌水》相当于小调的和声色彩。这两首歌曲从歌名、歌词、主题、场景和演唱,分别显著地表现了大、小调的特点,这也是中、西方音乐的相通之处。

　　音乐中的"音程"也可以关联到建筑中的种种高差、距离的表现。音乐的音程有两种意义，就是旋律音程与和声音程。旋律音程是时间上前后音之间的高度之差，就像人们在观察或游走建筑中高高低低的过程中的感受，或平缓、低落，或跳跃、攀升。当音程或高差较大时就会有较强的动力感和紧张感。譬如，连续的琶音就会比一组音阶更为紧张和动感，任何大小调音阶和建筑台阶无论长短或上行、下行，都是何其相似；而半音阶给人的感受几乎是要脱离了旋律的约束而自由滑行，这就仿佛是建筑中的坡线（图4-20、4-21，二维码：色彩和大小调）。

色彩和大小调
6'07s

图4-20　《满江红》的热烈色感和气势［网络资料］

图4-21　夜色下的《小河淌水》［作者自摄］

　　和声音程是一个个瞬间中不同音高的组合，有如空间物体不同尺度体量形形色色的展现。和声音程如三度、五度、四度、六度等，音乐中各具色彩的和声都由此而来。丰满浑厚的和声会使人联想到宏伟的建筑大厅的空间，还有最普通的八度音程，如钢琴上的八度或也可类比为大厦的楼层，整齐而宏伟，其他音程则是楼层中高低错落的部件；而二度或它转位而成的七度就会显得偏狭而另类，不便久留。这种超低或跃顶楼层在音乐或建筑中也往往属不稳定的异类，尤其不同结构的七度和声常给人某种反常的色彩感受。有趣的是，随着时代的变化，这种异类的运用却在日益增多。音乐和声中有各种变化音、增音程、减音程，并由此出现许多不和谐音调，它们都可能产生一些模糊、混沌甚至难以辨认的色感。也许这就是艺术发展走向近、现代所表现的特色。从力场的维度来看，它也许就是关联动力和稳定感的表现。在建筑与音乐不同符号系统的跨越中，人们会拥有广阔的思维空间。

　　关于和声音程与建筑的关联，还值得提及的就是在古典音乐的结构中被称作最奇异的和弦——减七和弦。柏西·该丘斯的评述[42]是："它那迷人的、惊异的性质，即其超群的音响美、不可思议的善变性，以及与表现情绪的万能"，暗示"它是那么一个无处不到的顽童，走遍和声整个领域"。它"惊人的游移性""善变性"来自"减七和弦，仿佛一个（个）正方形，四面的样子完全相同，即：构成减七和弦的各音程，彼此全无差异，均为三个半音"。它"之所以有许多的变形，便是由于有这种特殊的组织"。这种在键盘上等距的音程排列，在数学上形成的是等比关系。在音乐中，减七和弦由于它简单抽象的特点，使其可以轻易地脱离或接入任一个调性。这种状况出现在音乐中，可以让人联想到建筑中的某些抽象图形、几何网状结构或异型重复式的模块的表现。如果说，传统建筑的造型语言就像古典音乐那样表现为旋律的色彩图画，那么这种在旋律或图形间游移、善变的"百搭式"模块结构，从色彩的维度来看则显得更是混沌而绚丽。这种类似减七和弦的表现，是一个让音乐和建筑从古典走向现代的标志性符号(图4-22)。

图4-22　卡拉特拉瓦的建筑织体的抽象化表现可关联到奇异的减七和弦[网络资料]

减七和弦的色彩最早出现在巴赫的和声中,然后在贝多芬、柴可夫斯基和许多浪漫派音乐中出现,进而突破调性、跨越传统走向现代。以与音乐并行的步伐,现代建筑无论在布局还是在形象处理中,也频繁出现了以抽象化模块式为特征的构造表现。二者之间真可谓殊途同归,不谋而合。

在建筑和音乐中,符号的表现不仅性质多样,而且同类符号也可以对应着时间、空间的转换而呈现种种变化和对应。在建筑中,同样或相似的构件造型可以变换为不同的色彩、光感,或做成不同的尺度,排列成不同的图形和密度;而在音乐中,各种动机、乐句、乐节、节奏等,都是随着音乐的推进处于变化、再现、对比的组织中。这里所说的对比,是指各种符号在高低、轻重、疏密、缓急、明暗和动静等方面的对比,建筑和音乐的知觉关联也就更为丰富了。

符号系统之间强烈的关联性,是建筑和音乐这两个艺术领域相关的重要特点。音乐与建筑的种种相互关联尚不止于形色和时空,还会表现在动力性即能量、运动和力的作用方面。这些关联表现又将感知的关联延伸到视听以外的动觉、体觉等方面。建筑和音乐的符号是非语义性的，它的物质性关联的不定性、多义性或者说是关联交织的非对应的特点，说明这些关联是难以摆脱因人而异的主观性的。因此，这些关联就多少会依赖于经验和偶然的联想。思维活跃在各异的个体大脑中，联想也会不尽相同，而跨越系统的符号相似性，终将超越形而上的维度。从符号学的视角看待建筑和音乐的关联，或可借助音乐使建筑符号的思维获得新的飞跃。这样，在我们面前就可以展现出一个多维的绚丽世界。

第五章
触摸音乐

建筑之美只是一种视觉感受吗？音乐也可以去触摸的吗？提出这些问题其实并不奇怪。

当我们走进欧洲的大教堂，无论是哥特式还是罗马古典式的大教堂，可以看到那里都装着管风琴。它那韵律十足的形象伴随着宏大音响，乐器的结构造型嵌入教堂的精美装饰中，和建筑空间融为一体，表现了建筑和音乐的高度结合(图5-1)。

自古以来，在中国也有音响与建筑一体的场所。在中国古代庙宇中，可以在前庭左右两边看到钟楼和鼓

图5-1　在教堂管风琴下，人们不仅是听到，而且是全身心感受神圣音乐的震撼[作者自摄]

楼，它们就是寺院的音响建筑。北京古城甚至在故宫向北延伸的中轴线上建有钟楼和鼓楼，至今还能让人们感受到身心的震撼（图5-2a、5-2b）。

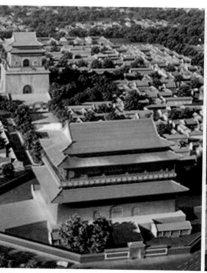

图5-2a 北京古城中轴线北端的钟楼和鼓楼，钟楼高49.7米，为最高形制的报时音响建筑[网络资料]

图5-2b 在山西晋祠的鱼藻飞梁前方，献殿的左右就是蓝色琉璃的钟鼓二亭[作者自摄]

欧洲教堂的钟楼里安装着复杂的机构，可以使钟声发出有变化的音调和节奏。当人们走近钟楼、鼓楼或进入教堂时，那乐声作用于我们的就不仅是听觉，而是全身心的融入，使我们的皮肤、身体、足底和头颅都能够感受到它的动力。这种动力感来自音乐场，也来自建筑场。在这两个场的复合维度之中，使我们的感受从纯听觉和视觉，扩展到动觉。好的建筑令人悦目又赏心，使人的一举手一投足都十分合意和舒适，得其所有。这种人的感觉可称为体感。

身体的知觉可以有触感：挤压、推拉、振动，以及冲击、抚摸和冷暖、痛痒等等。这些都可以是触觉的延伸，是否也可以定义为有关触摸音乐的种种效应？人们对建筑的感受也远不止只是视觉和空间，人在走近和身处建筑之中时的体感是极其丰富的，如走踏、坐卧，或倚壁、扶栏，或憩于石凳、沙发，甚至水滴檐下、清风穿堂，都是人们用视觉欣赏，还用身体来感受建筑，在不同的场所和界面之下对建筑的体验。这些可成为建筑中"现象学"关注的问题（图5-3）。

图5-3　为风景也是为身体的建筑，"美人靠"是为人倚坐的体感而设［作者自摄］

人们对音乐的感受不仅用耳朵，而且也用身体。当声音全频段地传入耳朵，或通过建筑空间传来一部分振动时，其中一部分频率同时也撼动着人的身体体腔。这就是聋人也可以随着音乐的节奏而起舞的原因。所以，我们可以说音乐对人的撼动是全方位的。我们也可以通过耳机体验一下仅由耳朵感受的那一部分音乐，如果把这种感觉和由空气与房间传来的音乐相比，就会有很明显的不足。如果是乐器演奏者，那乐器的振动直接传递到身体上，就会使演奏者和音乐更深地融合在一起。建筑和乐器制造都特别注重人体工学。乐器在不断发展改进，演奏技巧也不断在丰富。好的演奏家，他的乐器几乎成了自己身体的一部分。触摸音乐，也能使人如同坠入共鸣箱中，从生理到心理都感受到被称作"全人格"振动的乐感。这才是音乐的充分感受。

　　人类的祖先创造了建筑和音乐，建筑和音乐也伴随着技术和材料的

图5-4　原始人能够用有限的天然材料制成各种用具，包括建造房屋和制作乐器[37]

不断发展而发展。最原始的乐器无论在非洲还是在东方，都运用各种天然材料。人们会用石块敲击空的树干，或把树枝拉弯后松开弹出声音，或拿草叶用嘴唇吹出清脆的音调，或用海螺吹响号声，传得很远，或用芦苇，以口吹芦管的声音做成排笙，或用竹制成各种形状，吹或打出各种声音（图5-4）。

最原始的建筑大约也都是利用这些天然材料来建造起来的。从运用石料、木材、竹子开始，直到现代的金属、水泥和各种轻质、坚韧的材料，使建筑表现出各种特色和性能。对于乐器来说，从7000年前河姆渡人的骨哨，到各地出现的陶笛、石磬、竹笙到铁钟、铜鼓和弦乐器，从丝弦到金属弦的提琴、钢琴，可以看到建筑和乐器的技术不断发展；在材料、结构上，在对振动力学和对空间的声学特性上，人们不断积累知识，技术不断进步。

在制造的探索中，有一个十分重要的前提，就是建筑匠人和乐器匠人在制造前都要具有某种强度和韧性的材料。材料具有强度和支持力固然很重要，而材料的韧性则是产生美好振动的条件，也是构造精美形象的必需。多种材料和构造的作用不同，就出现了各种不同的发声和鸣响效果。所以，材料技术的发展对建筑和音乐的进步起了重要的作用。在建筑和音乐二者之间,各种材料和构造往往会出现一些有某种联系的表现,如石、木、金属或皮膜。这些材质在不同条件中,在各种建筑和乐器音响构造中的表现,是不同的。乐器中无论是丝弦,还是皮膜、铜管、木板,都有它们各自特有的音响特色,而传统中很多工匠、建筑师都相信木材的墙可以使建筑产生更好的音响效果。相比之下,乐器的用材和构造比建筑的用材和构造显得更精致得多。

　　无论是在建筑物还是在乐器中,空间是产生好的音响的决定因素。空气,是一种表现音响效果更重要的弹性物质。不同音色的乐器,为了构成好的音响空间,就会呈现各种不同的造型。各种乐器中力的传递、振动的产生和声音的共鸣机制、传递方式都表现了人类的高度智慧。对于容纳着音乐的建筑空间,人们也积累了许多视听的经验。现代音乐厅建筑更是在空间设计、声学分析和材料选择上,使建筑和音乐高度结合取得了不凡的成就。

　　西洋乐器中的铜管、木管、弦乐、打击乐(腔鸣乐器)等,是以材料分类,或是以构造联系着不同材料的乐器分类;而中国的传统音乐则是以"八音"来界定。"八音"也作为音乐的总称(图5-5)。中国早在西周时已将当时的乐器按制作材料分类。《周礼·春官·大师》云:"皆播之以八音,金、石、土、革、丝、木、匏、竹",即:金(钟、镈)、石(磬)、土(埙、缶)、革(鼗、雷

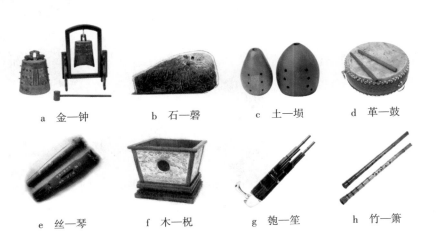

a　金—钟　　　　b　石—磬　　　　c　土—埙　　　　d　革—鼓

e　丝—琴　　　　f　木—柷　　　　g　匏—笙　　　　h　竹—箫

图5-5　中国的八音,以八类材料制作的乐器,有不同的音响特色。也具有如建筑物那样的物理构造[网络资料]

鼓）、丝（琴、瑟）、木（柷、敔）、
匏（笙、竽）、竹（箫、篪）。这
"八音"就是因材料的不同性状
所对应的不同音色，更准确地
说应该是指不同的振动特色。
同时，它也和触感、视觉对这些
材料的体验相关联。这些关联
包括触觉的形状、质感和重量
感等等。之所以古人会以材料
对音乐分类，当然是因为听觉
的难以描述，所以只能以材
辨音。

　　在建筑领域，人们很容易
熟悉以砖、石、竹、木和水泥、金
属、塑料等制成的不同性质的
构件和对它们的触感。通常，
人们只需以视觉和经验来感受
或欣赏它们。建筑内外空间界
面，可以用不同色彩和质感肌
理材料的组合形成完整的形象
（图5-6a、5-6b）。应当指出的
是，这个形象的表现并不完全
是为了悦目。如建筑中的砖和
石材，可以加工成平面、光面或
粗糙坑洼的质感，而金属或高
分子材料又可以做成光亮如镜
或是看上去如皮革般柔和的肌

图5-6a　贝尔法斯特，用现代金属材料和分形编
织构造制成的坦尼克博物馆建筑墙面［作者自摄］

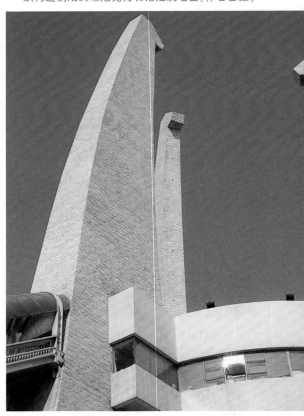

图5-6b　常州恐龙博物馆的仿生建筑形象，采
用了粗重皱褶机理的粉刷，以表现恐龙野性质感
［作者设计、摄影］

理。通过其中的某些用材的特征,它们在向人们传递着有关软硬、强弱或轻重、光洁或粗砺、冷峻或温暖的触觉和体感。

梅洛·庞蒂在《知觉现象学》中指出:"在正常人中没有分开的触觉体验和视觉体验,只有融合在一起的不可确定各种感觉材料分量的整体体验。"对于视觉与听觉的关联,梅洛·庞蒂又说:当人们感受到"声音的视觉和颜色的听觉",是因为"同时得到一种声音和一种颜色","是在有颜色的地方看到了声音本身"。他还说:"各种感官在向事物的结构敞开时,在它们之间建立了联系。我们看到了玻璃的坚性和脆性——当玻璃伴随着清脆的声响碎裂时,这种声音是由可见的玻璃产生的。"(29)梅洛·庞蒂对知觉现象学的论述,说明了所谓人的联觉,就是指人的某一感官总是协同着其他所有的感官,同时来完成的一个知觉过程。

人们对音乐的丰富的感觉,也是一个多维的联觉过程。音乐中在乐声频谱中的泛音,就像决定建筑界面触感的材料性状,它附着在乐音的主频上,使音乐产生了种种圆润或粗糙、丰满或单薄的音色。对于音色,人们可以说是难以言状,但是人们还是在努力地用多种言语去描绘它。譬如,高音和低音在物理学中的概念是指频率的高低,而在中国的俗语中则表达为"粗与尖"或"厚与薄"。在不同的民族或方言中,还会有另一些表达,但总不外乎是一些以物喻声的形象性表达。在日常生活或原始口语系统中,描述语音频率高低往往是说声音细或粗、尖或钝、亮或闷,其含义与物理数学概念看来没有关系。这种描述是通过心理和联想建立起来的,即由十分感性的所谓形象思维建立。例如,中国人说的白开水是指清澈、无味的水,而在巴特尔的说法或在某种专业语言系统如化学中,液体的"白"应解释为"白色不透明"或为"乳白",而不是中国话常说的白开水中"白"的含义。

物理学概念中高频率的声音,在中国俗语中称为"尖",这是指发出的声频对人耳的刺激感,或同时也指这样的高音往往是由尖细、扁薄的器物振动而发出的声音。这种感觉也是来自心理、物理的经验。我们做这些讨论，不是在做文字游戏，而是希望由此引出建筑和音乐的物质性感受的描述，和某些物质形态、物质特性之间关系的探讨。上述被列举的符号意义错位之所以在人们的思维和表达中普遍存在，就是因为世界万物的现象和特性给了我们丰富的多维的认识，表现出无数的联想和借用——这就是符号意义的错位和跨界。正是这种错位和跨界，给予人们对这个世界的丰富而又整体的认知。

就声音的高低、粗细或尖钝、厚薄等来说，发出高音的人和乐器或其他发声体一般为较年幼、阴柔、细小、扁薄的生命，甚至狂风掠击屋檐、窗扉的呼啸声都和"扁薄"物体的振动相关联；"粗"的对应形象通常是和男性的粗犷、大树的苍劲、原木与滚石的粗重，或与大鼓、大号形成联想；而"尖与钝"不仅和形象有关系，而且以暗喻形式给予听者触觉的刺激，这已延伸到心象。对于较弱的高音或低音，人们会用纤细或沉闷来描写，这里仍然没有离开形状、材料的状况，其中的"闷"则把生理和人心的感觉也表达出来了。"嘹亮"或"沉闷"也是心象演化为直觉的描写。中国语言描述的嘹亮和沉闷，既有物理学频率高低的意思，也有空间形象和心绪及表情的含义。至于日常对声音"粗糙"或"柔和"的描写，更是与人们日常听到的自然界、器物的音响，与看见和触摸的各种物体材料质地的感觉联系在一起。文学语言中会用"圆润""铿锵""光怪陆离"这些物质化语言去描述音乐，起到"传神"的效果。弦乐的音色往往和人们甚为亲近，甚至贴心，它的细润和温柔有如宜人的服饰和披挂，而"心弦"一词正表明这亲近的程度；单簧管带有棱角的音色，好似它的发声簧片，多少带着扁而硬的特性；各种木管乐器优美有如草木的音色，似乎有如人声的温柔；铜管的嘹亮与雄壮、强有力的冲击感，总是给人以宽广、壮丽的感受，而铜管乐器中的圆号，表现出一种柔和圆润的音色。至于打击乐或者说敲击的声音，更是容易能够让人直接判断出发声的器物是什么性状，如各种鼓、镲、银铃和木琴等。上述的感觉与其说是视觉的效应，不如说是对这些乐器的形状、质地、粗细、轻重、刚柔和冷暖的种种联想。这种种联想都和人们的生活经验直接相关。

我们说"触摸音乐"，实际上是说音乐给我们表达了那些视觉、触觉、振动可以感受得到的景象、材料、色泽的印象。触摸音乐，作为声形象的直觉感受，更多来自与发声有关的器物和材料以及和声环境有关的媒介。随着音乐的结构和韵律展开，这种"直觉"组成了序列，塑成了一个美好的听觉世界。中国的民族音乐中有一种"竹器"合奏的表演，演奏者把笙、笛、排箫、竹琴等乐器和各种形式的竹筒、竹板、竹筷还有各种竹编器具组合来进行演奏，形成一个形态各异、构造不同、竹器音响对应视觉的生动节奏。在这个演奏中，人们可以从各种圆润、尖利或粗拙、破裂的音响辨识出那个发声的器具，这是因为在生活中，在使用竹器和走近竹棚竹舍时，我们已经有了对它们视听为一体的经验。在建筑上，人们也是在视觉和触觉空间中做着几乎同样的事。在建筑表现上粗犷和细滑的材料，在音乐中可能联想到男音和女声的交替，还可能是高亢的秦腔和凄美越剧的对比，又可能是鼓钹和笛声的组合；建筑中的黑色与白色的配置，在音乐中则可能联想到节奏剧烈跳动或休止符的出现。

我们已看到，音乐和建筑在结构、展开的序列、节奏韵律和数学比例上都有相通的规则，现在是否可以又进一步看到在音色、音响的细节和建筑色彩、肌理、质感的联系上，建筑和音乐给予人们在知觉方面的丰富关联？

音乐中的配器，是解决音乐音响中音色配合的艺术，是对不同物质、材料、构造所对应的乐音进行组织，使其以丰富的质感表现音乐的旋律与和声的要求。同一乐曲是可以采用完全不同的配器或完全不同的协奏方式的，就像同一建筑造型可以采用完全不同的材料组合来进行建造一样。比如中国的宝塔，在传统中就有砖塔（苏州虎丘塔）、木塔（山西应县释迦木塔）、石塔（泉州开元寺塔）等由不同材料建造的塔。不同的材料会使结构和组织产生不同，这也会表现在整体的面貌上。当然，无论是音乐的配器还是建筑的用材，一方面需要因题材、条件而制宜，一方面还应有一个最理想而贴切的配置。比如穆索尔斯基《展览会里的图画》，原作是钢琴曲，由拉威尔改变成管弦乐配器之后，乐曲的表现大为增色，从而自此定型。尤其是其中的《基辅大门》已成为用音乐表现建筑，特别是用管乐音响传递材料的音乐理念的典范之作。不同的建筑需选用不同的材料组合，最适宜的材料组合需有最适宜的不同选材，如木构的亭廊、石筑的碑阙等都属此规则的经典运用。

在建筑和音乐的各种感觉述语中，"质感"和"音色"可以看作是一对同义词。从视觉艺术和美术角度来看，质感是观察对象所表现的物性特质，如毛石、玻璃、皮革、草席或山水、景观的特质表现。而建筑的感觉则包含更进一步的内容，建筑感觉不仅可以观察，还可以通过亲手触摸来真切地体验建筑。音乐的各种音色其实是来自不同乐器物性的特质，但人们对各种音色的感受和欣赏并非完全建立在对乐器结构的认识上，这一点与建筑感受不同。人们可以直观地认识和体验建筑，但对于音色的体验往往还需要借助或联想种种已有的经验来形成心中的图景。这些经验可能来自人声、鸟语、风啸、雷鸣或某些器物的音响。所以，在品味丰富而美好的音响之余，音乐语言的多义性就再次表现出来。重要的是，质感和音色之美都不仅是单一、孤立的表演，而是呈现在对比中。建筑中的不同材质或同类材质的凿、磨、劈、刨都会有不同的质感（图5-7）。音乐中不同乐器的交替与配合，可以产生变化无穷的听觉和意味，即便同一个乐器也可以通过钢琴触键或提琴弓法或吹管用气而产生多种音色。现代技术和多种新材料的运用，使建筑和音乐又以它们物质性的丰富表现（建筑以它新的材质和加工方式，

图5-7 质感之美，细腻精致的羽毛和粗砺厚重的石板［作者自摄］

而音乐则运用包括电子技术在内的多种器具和不断创新的表演手法以及新颖的质感和音色），展示了它们不同于其他艺术的时代面貌。

亲历的体验可以告诉我们，和纯视觉的绘画不同，建筑和音乐中对质感和音色的体验是一种动态的过程。在建筑中，人的触摸、倚卧、起坐无不包含着过程和始终；而音乐的任何一种音色也无不包含着发声的起始、过程和终结的种种特征。所以，是否也可以把对质感和音色的体验看作是某种特定的动感体验？质感和音色的变化，丰富了人们的美感，反之，人们也许会被一些简单、平直、呆板的事物包围。所幸，大自然永远会以其无穷的变化给我们以丰富的启示。

在手工业时代，人们普遍地把将天然粗糙、未定型的材料加工得能为人所用，把雕琢得精致、打磨得光亮的技术，看成是一种能力和成就。这也是一个认识发展的过程。可以说在人类早期，加工制作平滑光洁的东西是不容易的。那时，在自然界大约只有无风的湖面是水平如镜，此外只有纯净无瑕的蓝色的天空。于是，光洁平整、纯净精致成为人们在工艺上的一种追求。金银、玉器和精美的磨漆、寒光闪闪的宝剑都是这种追求的表现，古代中国的陶瓷、铜镜和欧洲的玻璃，则可看作是这种追求经典的范例。乐器和音乐审美的发展，其实也经历着相似的过程。与日常环境中繁杂凌乱、粗糙破碎的噪音相比，从中国传统中美好的"八音"到世界上悦耳的管弦乐器中，都可以看到人们在视觉和听觉领域追求的历程。工业技术的发展使平整、光洁的制造变得十分平常。流线型的车船、飞机、火箭体现的是另一种对平滑、对持续的力和速度的追求。从技术发展的角度来看，这无疑是人类改造自然的成就。人类的这种能力大约在20世纪已达到了理想的顶峰，极度的平直光洁已无从表现更多的美；音乐中极度精致圆润的音色，也已难以胜任现实中多种情感的表达。

从文化和精神方面来看，触觉的审美即建筑的质感和音乐的音色，如粗砺的石作、哑光的金属，以及破擦的噪音和怪诞的弱音器音色，都可能成为有效的表达情感的方式。质感和音色的对照看起来是那么直观，但是器材发出不同音色的原理，却是由有关泛音的物理学给出解释的，使人们随之加深了对声音的物质性和触摸音乐的感受。若从更为生动和亲近的要求来看，我们也会观察到，某种波动或富有弹性的振动之美，能够更为亲近地抚慰人心。相对于平滑的表面，皱褶和波纹会显得较为生动；而相对于平滑直发的声音，波动而震颤的乐声会更显得动人。在这个世界上，人之所以要追求波动之美，也许还因为人本身就是一种"波动"的生物。人的生命活动中包含着心律、呼吸、人行走运动的节奏、动态的往复和心潮的波澜等等。人们虽然十分欣赏皮肤和木材的光洁细滑，但也喜爱天然材质那富有生气的年轮和纹理。同样，如果没有了毛孔和指纹，那样的皮肤将是多么不可想象的虚假和病态。自然界常有以动力向波动转化的神奇表现，这是由流动向律动和节奏的演变。由持续气流向振动的转变、气吹纸蛙的跳动、持续的静电激发了闪电的搏动、血液流动伴随心脏的脉动、持续的风吹出有波纹的水面等等，这一切都因动力转化向波动而产生了合乎理性的物体之美。

　　也许还是由于天然律动的呼唤，人本能地就有对皱褶和波动的欣赏和追求。自然界里的水波、湖面的涟漪、兽皮的肌理、岩石的粗砺、沙漠上风吹的波纹，都给人们美的感动（图5-8）。在人们创造建筑和音乐的时候，当然也把在自然中接受的关于波动美的教化，注入对建筑和音乐的创造和装饰之中，伴随在对建筑美和音乐美的欣赏之时。在建筑中，人们不满足于把所有的材料都磨光、刨平，而把它们加工成粗质的甚至仿自然仿生式的样子从而感受

图5-8　在沙漠图景中，由风吹而形成的波纹。它生成于动力，也因为它的动力之美动人，可谓沙漠中的建筑—音乐演示［作者自摄］

不同的质感；而在音乐中，细腻、尖利的或厚重震撼的音响中出现悠长乐声、动人的揉弦声和随之而来的声乐的颤音，成为高度展现的音乐美声。我们在日常触及的各种质料，尤其是在各种建筑表面如砖石、铁木、布纹、皮革，尤其是石料经锤、凿、磨、火燎和砂洗等多种工艺而形成的各种用具的质感，为人们呈现了从观赏到触及的丰富体验。但必须指出，建筑织体所表现的质感是和建筑的整体密切相关的，有如音乐的配器是由全局的表现来选择每一段乐曲的音色一样。

玻璃幕墙装饰在20世纪曾是建筑技术高度发达的特征，但也正因这种光洁的表现极端化引起了不适感，导致人们又开始寻找有种种肌理感的表面结构。譬如，人们也会感到，流线型飞机舷窗所形成的韵律感，使这种现代的交通工具表现出一种区别于火箭的有人气的亲近感。也许正是这些生态、音乐和建筑的"元素"与人们的心态产生共鸣，引导着人们对美好的感知和享用。

上述种种人们日常生活中的体验，说明运动形式常常是在平滑与波动之间进行着转化。事物有持续、平滑、静谧之美，也有波动、跳跃之美。而在能量的输出和冲击过程中，往往会发生由持续向波动的分解和激发。上面列举的现象在物理过程和生态过程中都可以发生，具有普遍的规律性，也必然可以在艺术表现中发生。这也许就是建筑和音乐中节奏韵律美都能为人们受用的原因。这样，我们就也许看到了可触摸的音乐，似乎也真实地聆听到了富有动感的建筑。爱音乐的建筑师会使自己的知觉和思维，跨越在音乐和建筑这两种语言系统之间，自身也一定会经常产生丰富的形象感受，使自己的认知进入一个多彩的世界。

建筑和音乐中的波动之美，并不仅仅是依附在建筑和音乐表面的某种装饰。波动之美完全是来自建筑和音乐中本质的构成和内在的运动，如岩石的晶粒和风中的麦浪。它们都不是建筑和音乐中刻意雕琢的制造物，而是出自物质之本性而又激发着新的动力，是在总体完整和平稳之下而内在发生的动力表现。因而，它能够充满理性而又感人。

　　音乐家在从美术、风景、建筑汲取美感时，会感受到生物、风景和大自然中无处不在地呈现着动力的印记。这是肯定的，因为风景、建筑和音乐都来自宇宙和大自然的运动，都是这运动的产物。但是在不同的运动方式中，属于触觉、体感或波动的体验则是一类看似不动却动人至深的现象。建筑和音乐在这方面的表现无疑也是来自二者特有的物质性本源，所以也就和建筑音乐的符号、动力感以及心理场的作用相关。一言以蔽之：建筑和音乐的美贯穿了视听以及人体的全身心体验。

第六章
共舞巴洛克

　　无论对于建筑还是音乐,巴洛克都是一个伟大的时代。对于现代的人们来说,巴洛克艺术尤其是巴洛克的建筑和音乐,是那么丰满,那么高深莫测,古老而又近在眼前。但是曾几何时,在300年前错综复杂的社会生活背景下,巴洛克艺术被讥讽为"Baroque(奇异的珍珠)"。巴洛克是如何从"奇异"走向辉煌的,还要从文艺复兴说起。

　　文艺复兴时代,随着新兴资产阶级哲学和社会人文主义的兴起,文化、科学和艺术空前繁荣。14世纪,意大利佛罗伦萨的美第奇家族成为文艺复兴的教父。他多方面赞助着一批新的工匠、技师、艺术家、科学家和建筑师。1419年,原为钟表匠的布鲁涅斯基接手未完成的百花圣母大教堂,1436年,这个当时世界最大的富有创造性的教堂圆顶完工。意大利建筑师温故而知新,在历史的废墟上迅速地成为该时代的大师,而威尼斯则成为欧洲商业、金融、军事、航海和造船的中心;古罗马维特鲁威的《建筑十书》在1415年被重新发现、翻译出版,并被奉为经典。[30]布鲁涅斯基在1425年发明了透视画法,而文艺复兴的意大利大师们有许多都是知名画家、雕塑家。其中画家乔托还是佛罗伦萨的总建筑师。罗马有米开朗基罗、珊素诺维、拉斐尔、伯拉孟特等,他们都是身兼雕塑家或画家的建筑巨匠。而达·芬奇更是艺术和科学创造的全才。

　　文艺复兴的建筑师重新发掘和研究了古罗马遗址，进而考察古希腊的建筑，进行测绘分析，把古典建筑的数学比例和结构原则视为典范，并著书立说，制订了日益成熟的构图理论、空间造型和建筑结构理论原则。梵蒂冈的圣彼得大教堂奠基于1506年，在建筑师伯拉孟特、拉斐尔、伯鲁兹、米开朗基罗等共同努力下，工程历时百余年终得落成（图6-1，6-2a、6-2b））。同时，在意大利各地和英、法、德、西也大量出现了各种世俗的公

图6-1　梵蒂冈圣彼得大教堂，建造于从文艺复兴盛期到巴洛克时代［网络资料］

图6-2a　文艺复兴巨匠达·芬奇的建筑图手稿，这成熟的画法，完全可以把建筑的结构、布局的造型表达得非常完美［网络资料］

图6-2b　帕拉迪奥母题，在意大利维晋寨巴雪利卡的立面上，呈现着文艺复兴建筑的规范协调和典雅的韵律［网络资料］

共建筑题材。新兴资产阶级的生活追求对建筑提出更多更高的要求,对宫廷建筑更是这样。在欧洲14~16世纪文艺复兴中,引人注目的是崇尚古典和协调靓丽的视觉艺术和建筑成就。

然而,在文艺复兴前期并没有发现同步发生关于音乐的复兴的记载。这是因为中世纪之前的古代音乐中,并没有像古希腊、古罗马的文学、绘画、雕塑物、建筑那样给世界当下可供"复兴"的遗产(图6-3)。史料记载的中世纪留下的只是简单的民间音乐和宗教音乐。那些在民间口耳相传的世俗音乐,那些卖唱式的诗人游吟和牧歌只有简单的器乐伴奏(图6-4)。

图6-3　建于公元125年的古罗马万神庙,而文艺复兴时代的音乐却没有这样相当的历史遗产[作者自摄]

宗教音乐和世俗音乐不同,西方古代文化把音乐作为"七艺"之一,是从属于宗教音乐的一门学术。宗教音乐在格里高利一世教皇时代,一直掌控在由教皇制定的"格里高利圣咏"(二维码:中世纪—圣咏)规则之下。中

四个游吟诗人,他们手执响板,竖琴,雷贝克和鼓在演奏。此为一幅十五世纪法国的插图

图6-4　代表中世纪音乐文化遗产的民间游吟诗人[33]

中世纪—圣咏
9s

世纪期间,宗教提倡苦修,把乐器视为世俗化象征,大多数教堂长期禁止乐器演奏。更有甚者,圣阿罗派休斯还认为乐器是魔鬼的工具。大约直到10世纪,为了召唤人们对神的崇拜,简陋的风琴才被允许进入教堂。

13世纪下半叶,有经文歌引入了世俗环境中的流行音乐体裁,歌中的一些宗教成分开始丰富多变。但由于所有的旋律都是由人唱出的,自然要受制于人类嗓音的局限,还要求旋律简单易唱,以便于没有受过专业训练的教徒们能学会。同时,由于教堂建筑空间中的声学环境是高大的石筑空间,造成很长时间的混响,故音乐的速度就不宜过快,否则就会使过于复杂的音乐听起来含混不清、杂乱无章。

当然,也无法把民间乐器的吹拉弹拨放到教堂里去。所以,当时的歌曲旋律风格平和、悠缓,要求矜持而庄重,过分炫耀技巧被认为是不合戒律的。由于音响和时间是无形的,此时的音乐虽然简单却因缺乏有效的记谱手段,只有很少一些流传下来,因而今人大体只能从现在留存的少量文艺复兴时代的民间音乐或宗教音乐中,去想象中世纪世俗音乐的可能样貌。

中世纪最早音乐中记谱的"符号谱",还只是用数字、字母及其他符号标识琴弦、琴键和指孔。各国的符号不同,不同的作曲家也有自用的符号和代码。8世纪的圣咏开始用6个音的音阶,有do,re,mi,fa,so,la,有了圣咏图谱,是由意大利人奎多·阿雷佐(995—1050)用奎多手图记谱的。9世纪初,欧洲出现了"纽玛记谱法",出现了写在歌词上的符号和升高降低的线符等。公元10世纪,意大利出现了画一条线和表示出有音高的符号,逐步又出现了附加线等两条、三条、四条线,用不同的颜色表示音调。11世纪末,游吟诗人出现在法国普罗旺斯等地区,在民间留下的还是一些无节奏的记谱。四线谱开始采用是在12世纪。在1260年前后,弗朗科·德·科洛尼亚才确立了"有量记谱"体系,对节奏、音的时值制订了明确系统化的规则,以此应用于经文歌的创作记谱。记谱法的发展对音乐的发展起了巨大推动作用,成为文艺复兴音乐的基础。15世纪五线谱发明;1699年才有了"大谱表"，即由高音谱号、低音谱号和应用至今的五线谱组成的定型记谱方式，这时已是欧洲的巴洛克时代（图6-5）。

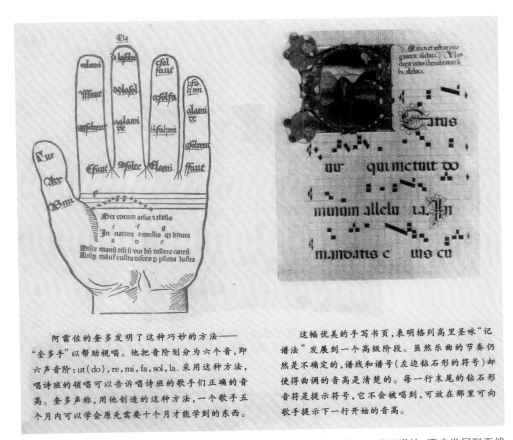

阿雷佐的奎多发明了这种巧妙的方法——"奎多手"以帮助视唱。他把音阶划分为六个音，即六声音阶：ut(do)、re、mi、fa、sol、la。采用这种方法，唱诗班的领唱可以告诉唱诗班的歌手们正确的音高。奎多声称，用他创造的这种方法，一个歌手五个月内可以学会原先需要十个月才能学到的东西。

这幅优美的手写书页，表明格列高里圣咏"记谱法"发展到一个高级阶段。虽然乐曲的节奏仍然是不确定的，谱线和谱号（左边钻石形的符号）却使得曲调的音高是清楚的。每一行末尾的钻石形音符是提示符号，它不会被唱到，可放在那里可向歌手提示下一行开始的音高。

图6-5　公元8世纪阿雷佐的奎多发明的"奎多手"记谱法。9世纪出现纽玛记谱法，逐步发展到五线谱，1699年定型[33]

而建筑造型可以用图形来表达。古代希腊、罗马人已经掌握了丰富的数学和几何知识，能够用数据、图样和比例来表述各种的建筑形象和构件规格。今人还可看到保留在纸莎草、羊皮纸和壁画上的建筑图形。在文艺复兴时期，美术和绘图已是表达建筑形象的成熟方式。建筑师的设计有详细的图纸，以精确的数学、几何的计算和符号，以及成熟的绘图指导建筑施工作业，方便了建筑理论的传播和创作效果的展示。公元9世纪,瑞士圣加仑修道院是加洛林王朝时期的大型修道院。修道院的图书馆有800年历史,藏书10万册。那里保存着上百册无价的羊皮纸手稿,其中包括这座修道院的建筑图手稿,大约是现存最早的建筑"记谱"。没有疑问的是,建筑图像的记录和表达早就大大领先,建筑图的表达力已胜过当时的乐谱(图6-6)。

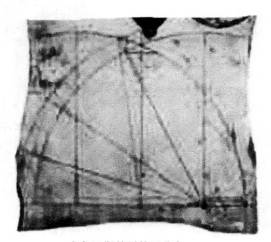

布鲁涅斯基画的五分之一
弧形穹顶草图

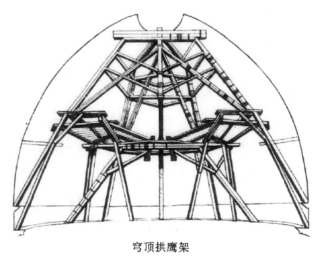

穹顶拱鹰架

图6-6 布鲁涅斯基为确定佛罗伦萨百花大教堂拱顶所画的几何曲线图,和拱顶的鹰架结构[网络资料]

9～13世纪时期，罗马基督教向北欧扩散，同期在北欧教堂的圣咏中（图6-7a、6-7b），出现明显的高音与低音的区别，并保持着一种自然的距离，一般相差五度。事实上，复调音乐起源于北欧，其魅力完全是缘于利用嗓音差异努力表现线条式混声交织。在北欧，从平行二声部的奥尔加农开始，"复调音乐逐渐取代了影响深远的格里高利圣咏"。[32]这时期也正是北欧哥特式教堂建筑出现和发展的时期。哥特时代建成了英国圣安提安教堂（1077年）、德国科隆大教堂（1322年），而建成于1200年的巴黎圣母院更是生

图6-7a 威尼斯1512年伽弗利尤斯的《音乐规则》中描绘教堂圣咏的场景[33]

图6-7b 欧洲教堂中17世纪之前普遍采用的4线符号谱，表达力有限。在实现印刷技术之前是制成巨大的手抄本多人合用［作者自摄］

长出一个音乐的"巴黎圣母院学派"。在宗教背景之下，哥特文化的建筑和音乐曾也有互动的热点。哥特人在罗马教廷原有圣咏的缓慢旋律上方

增加各种世俗华丽的装饰性曲调，而巴黎圣母院学派的佩罗坦把交织的复调发展到4个声部（图6-8）。这时期还出现了垂直对位的反向进行的

图6-8　巴黎圣母院内部，中世纪精湛的哥特式建筑艺术［网上资料］

复调结构。这种音乐结构向空间感和垂直方向的发展，使人联想到那些垂直线型、竖向空间，并富有亲切而精致的装饰性的哥特式教堂。而后一直到15世纪，复调歌咏在尼德兰发展为一种数学式精细对位的形式，也被人们看作是和建筑相似的数学法则。这些成就终都汇入文艺复兴和巴洛克的潮流[6.32]。

　　由于建筑和音乐在激发宗教信仰上的重要作用，音乐和建筑学成为

中世纪教会非常关注的学术课题,教会把教堂的建筑看作是神灵的展示。神学家奥古斯汀说:"上帝是具有创造性的建筑师,他将宇宙建造成他的华丽殿堂,借助音乐中和音的'微妙序列'来组织创造物的多样性,并使

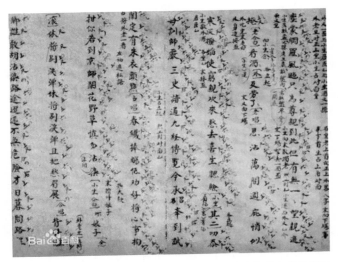

图6-9 中国传统音乐的工尺谱,是用一些汉字和符号来表达音高和节奏,始于隋唐并流传到邻国[网上资料]

之和谐一致。"[27]这就是中古时期欧洲建筑和音乐存在、发展和相互交流的环境。在东方,中国仍然在延用传统音乐的工尺谱,它是用汉字和符号来表达音高和节奏,始于隋唐并流传到邻国(图6-9)。

但应该注意到的是,此时由于建筑发展在先,建筑的概念和形象都已拥有具象而明确的术语,可以用来表达和阐述有关建筑艺术和建造技术的种种问题,而音乐的神秘之处仍处于探究之中。尽管音乐是那样的难以探秘和描述,但是通过听觉却又可以直接精确无误地辨别哪些音调是否正确与和谐,且这种听觉判断的精度居然远胜于用视觉判断尺寸和比例的水平。因此,在音乐中怎样表达和标记更为抽象的音响和时间,如何记述音乐那种无形感受、虚幻的理念,一直是制约音乐发展和传播的障碍。此时的音乐仍处在那种虽然看似很简单,但要懂得其奥秘又非常艰难的状况。

在文艺复兴时期,爱好艺术和科学的贵族知识分子的文化音乐活动极度活跃,在16世纪意大利的各处教堂里,出现了当时最伟大的帕莱斯特里那的宗教音乐,如复调的经文歌和弥撒曲,旋律线条流畅,音响更为

美妙而丰满；低音首次被重视，使音域扩展到4个八度以上（二维码：文艺复兴—牧歌）。同时，器乐也逐渐从仅为歌唱伴奏中脱离出来，成为独立演奏或为舞蹈伴奏的乐曲。在北欧，混声的复调合唱产生于中世纪的哥特式教堂里，并在16世纪发展得日益复杂和专业化，和世俗音乐一样在对和声结构的认识中发展变化。

与此同时，世俗音乐中出现了一些"音画"或"绘词（word painting）"形式表现的作品。譬如，意大利的雅内坎（1485—1558）的《百鸟之歌》和《战争》，就是用人声模仿鸟鸣和战争的呼喊、炮声、号声。这种模拟的动力来自知识分子和贵族，他们希望像绘画那样用音乐表现情和景，使音乐有较多的世俗和人文色彩。透视学的发明也启发了人们对音乐纵深感的追求。音乐家还把音乐的调性变化和由于视点不同而形成的空间景观变化关联起来，这意味着把建筑和音乐从更抽象的维度上对比和联系起来。

芭蕾最初出现在15世纪文艺复兴的意大利，是一种民众自娱或广场表演的舞蹈。芭蕾的起源与王公贵族的生活关系密切，故讲究优雅礼仪、高贵品位。16世纪，芭蕾由凯瑟琳·美第奇从意大利引入法国，并融入宫廷后成型而兴盛。

在文艺复兴的高潮中，音乐日益向更高境界推进。歌剧和芭蕾的流行不仅推动了器乐的发展，也成为促进剧场和舞台建筑发展的动力。文艺复兴时代，世俗文化娱乐、手工艺、材料和科学技术能力得到发展，此时已有竖琴、琉特琴、吉他、维奥尔琴、长笛、单簧管、双管笛、芦笛、号、长号、鼓等各种乐器。在15世纪的德国乐队中有小号、长号、短号，有铜的吹口、木质或象牙的号体；在键盘乐器中有了羽管键琴和击弦古钢琴；小提琴的始创者是意大利工艺大师阿马蒂。文艺复兴时期，管风琴进一步发展，有了两排上部键盘和脚键盘，结构日益复杂、宏伟，更多地用到教堂中，并与建筑结为一体。和相对成熟的传统建筑技术相类似，乐器的发明、发展、改进和运用，也经历了一个活跃而漫长的过程。

15 世纪印刷术在欧洲的运用,使爱好艺术和科学的贵族知识分子的文化和音乐活动得到极大普及。记谱法和印刷术的发展,共同促进了音乐的传播和交流。1575 年,音乐家的作品和音乐研究著作开始出版,促进推动了社会上人们学习音乐和进行各种娱乐和演奏活动,结束了以往那种许多人合在一起读唱一本巨大的手抄歌谱的方式。和建筑业不同,音乐的知识和技能是必须有更广泛的大众参与和学习才能不断发展的。在文艺复兴的高潮中,社会生活终于把音乐向更高境界推进了。这也许就是为什么在欧洲历史上人们普遍认为"意大利文学界和其他艺术门类开始文艺复兴运动已有两百年历史时,而音乐艺术才刚刚踏入文艺复兴大门。"(44)这时在意大利已是 16 世纪下半叶建筑、美术的文艺复兴晚期。

走向 16 世纪的欧洲,新兴资产阶级的思想解放推动了社会文化、科学和经济的发展,技术进步和发明不断涌现。在东西方的经济文化交流中,不仅有中国的造纸术、印刷术、火药和指南针四大发明,还有随书籍传播的东方文化、科技和哲学理念,这些都不断扩展着欧洲的视野,激发着创造力。意大利的威尼斯人以它的海上优势一度垄断了欧洲与亚洲之间的香料市场,引发了最早的资本主义萌芽产生。海外贸易、强权扩张、掠夺殖民地使欧洲社会获得大量财富。专制统治者和新兴资产阶级在开拓和享受的生活中提倡享乐,追求豪华生动、热烈张扬的情调。文艺复兴带来了社会文化的多元开放,欧洲社会日益向更为冲突和动态的方向发展。在 16 世纪的发展中,以米开朗基罗为代表的一些手法主义建筑师,创造出包括巨柱和曲线在内的各种活跃和令人激动的样式,开始突破早期文艺复兴理性的比例和平衡。1545 年哥白尼的"日心说"著作发表,打破"地心说",动摇了宗教的绝对权威,推动人文主义不断深入人心。意大利最早出现的资产阶级为了维护自己的政治和经济利益,迫切要求摧毁教会的神学世界观,铲除维护封建制度的各种传统观念。与此同时,在始于 1517 年的百余年间,德国发动的宗教改革,以马丁·路德派为代表,使欧洲各国卷入剧烈宗教冲突之中。16 世纪中,改革派的新教以文艺复兴的人文主义向全欧洲推进，与意大利教会在全欧组织策划的包括各种艺术文化领域的持久而声势浩大的"反宗教改革"运动激烈抗争。

在这场新旧宗教的权力之争中，罗马教会用暴力压制改革，并极力利用种种艺术形态去迷惑、征服人心，极力把教堂内外的世界变成为一个"大剧场"，全方位地制订了城市空间改造规划。从广场、大道和教堂、宫殿、花园的建筑，到绘画、雕塑、装饰、服装和工艺美术，都被用来作为一种压制改革的手段。正如笛卡儿所说：用"神话故事的魅力唤醒头脑"[26]。这个"神话故事"的"大剧场"出现，宣告了巴洛克时代的开始。在这其中，当然也调动了已有长足发展的表演艺术和音乐。从文艺复兴时期建筑和音乐的发展看，建筑中手法主义出现，音乐中更多描绘人文情景的发展日益活跃。所以可以说，巴洛克艺术虽不完全是宗教发明的，但它是为教会所利用的，是由教会自上而下倡导的，教会是它最强有力的支柱（图6-10）。

图6-10　充满动感而激情张扬的巴洛克美术

在城市和建筑方面，巴洛克时代的城市竞相打开原有的空间封闭感，着意追求开放而聚焦的视觉空间。1585年，教皇西克斯图斯五世为罗马城市改建提出了一个宏伟计划，由总建筑师多梅尼科·丰塔纳平面规划；主要目标是利用宽阔笔直的街道来连接城市各主要的宗教位点，使人们无论是步行、骑马或者乘坐马车，不论从罗马的任何地点出发，都能够走一条直线，通往最著名的信仰地，再次上演了公元初年古罗马先王所谓"条条大路通罗马"的经典。

16世纪末的都灵,作为萨伏依公国的首都,"在贯穿巴洛克时代都灵的整个历史"中经历了几代君主和建筑师,兴建了多座宫殿、教堂、雕像、城市之门和多处广场,结合放射形组织的宏伟街道,形成了"神圣与世俗组合在一起"的巴洛克城市(图6-11)。[26]而16～17世纪初丰塔纳建造的罗马德尔波波洛广场,是三条放射形干道的汇合点,中心有一座方尖碑,四周有雕像,布置绿化带。在放射形干道之间建有两座对称的样式相同的教堂(图6-12)。这个广场开阔而奔放,欧洲许多国家继而争相仿效。法国

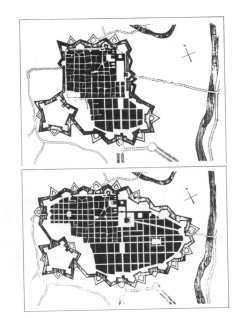

图6-11 意大利古城都灵,从文艺复兴到巴洛克时代17世纪的街道格局、广场聚焦和城市大门建设发展[26]

图6-12 巴洛克时代的罗马,德尔波波洛广场,双教堂、方尖碑和三条放射形道路形成了纪念性的城市入口[26]

在凡尔赛宫前,俄国在彼得堡海军部大厦前都建造了放射形广场。[26]

　　宏伟的城市广场于是就对标志性建筑提出了要求。杰出的巴洛克建筑大师和雕刻大师伯尔尼尼(Gianlorenzo Bernini)设计的梵蒂冈圣彼得大教堂(St. Peter's Basiliea Churck)前椭圆形广场,四周用罗马塔斯干柱廊环绕,整个布局豪放,富有动态,光影效果强烈(图6-13)。在文艺复兴时代由

图6-13　圣彼得大教堂前部门廊和宏伟的椭圆形广场[网络资料]

米开朗基罗设计建成的梵蒂冈圣彼得大教堂,到17世纪由于空间无法满足更为复杂的宗教活动流程,视觉上也缺乏戏剧性的活力,于是伯尔尼尼就受命来对它进行大刀阔斧的改造,不仅精工装饰原有的内部,还给教堂增建了后来备受争议的前部门廊,它与梵蒂冈圣彼得教堂前椭圆形广场、内穹顶和圣坛前圣彼得华盖,都成为巴洛克建筑和艺术的旷世之作。

　　巴洛克建筑的降临,结束了对古罗马建筑理论家维特鲁威的尊崇,背

离了文艺复兴古典主义那种静态的理性和庄重。巴洛克风格的教堂富丽堂皇，又能造成相当强烈的神秘气氛，符合天主教会炫耀财富和追求神秘感的要求。从17世纪30年代起，意大利教会财富日益增加，各个教区先后建造自己的巴洛克风格的教堂。由于规模小，因此不采用拉丁十字形平面，多改为复杂的曲线组合如梅花形、圆瓣等，或采用穿插的曲面和椭圆形空间。其特点是外形自由，追求动态和富丽的装饰和雕刻，色彩强烈。最有代表性的是罗马的圣卡罗教堂，为波洛米尼（Francesco Borromini）设计。它的殿堂平面近似橄榄形，周围有一些形状不规则的小祈祷室，此外还有生活庭院。殿堂平面与天花装饰强调曲线动态，立面山花断开，檐部水平弯曲，墙面凹凸度很大，装饰丰富，有强烈的光影效果。该教堂建筑手法纯熟但有矫揉造作之感（图6-14、6-15）。巴洛克建筑从罗马发端，不久即传遍欧洲、美洲等地。

图6-14　罗马圣卡罗教堂的曲线动感，檐部水平弯曲，墙面凹凸度很大，装饰丰富，光影效果强烈的巴洛克风格［网络资料］

图6-15　波洛米尼1637年设计的罗马菲利皮尼－圣乐小礼拜堂的立面草图[26]

美术雕刻方面，巴洛克的雕塑纹褶阴影夸张浓烈，使其姿态飞扬；绘画方面，虽同为中世纪之宗教画，但形象自由奔放，构图雄伟豪迈，色彩豪放华丽，富有变化，明暗对比深刻，线条极尽曲折，渲染极度夸张之感。

伯尔尼尼用多件杰作把罗马装点成一座巴洛克式的城市，使建筑与雕刻、绘画完美地融合。作为意大利巴洛克美术的首席，伯尔尼尼可谓多才多艺，他的才能不仅限于建筑，还能为歌剧画布景，刻雕像，发明机器，写乐曲，写戏剧，成为巴洛克艺术的主要代表人物。伯尔尼尼还有很多体现出人文主义思想的作品，反映了人的理想和对美好生活的追求。伯尔尼尼创作中的积极成分是与一般的巴洛克艺术有所不同的。巴洛克时代意大利杰出的建筑师还有马代尔诺、瓜里尼等。许多巴洛克建筑师在结构上也很富有创造力，如克里斯托芬·雷思（1632—1723）是设计圣保罗教堂的建筑师，也是计算科学的天才。他是牛津大学的天文学教授，而且是国家科学院的创始人。巴洛克建筑以传统的砖石—混凝土手段，竭尽所能地追求建筑空间和造型的复杂表现，在技术构造和力学、数学方面可谓那个时代的巅峰。

从蒙特威尔迪开始到巴赫和亨德尔离世，大体是从 1600 年至 1750年，由文学艺术推动了戏剧、歌剧、芭蕾的发展，是为音乐的巴洛克时期。1637 年，威尼斯开出第一家面向公众的圣卡西亚诺歌剧院，市民开始可以购票进入观看以蒙特威尔迪为代表的威尼斯当地歌剧。

蒙特威尔迪（1567—1643）的歌剧，是巴洛克前期的代表，是以宗教为主题，由多种乐器伴奏的激情的歌剧。到 17 世纪末，仅 15 万人口的威尼斯已发展有 350 部歌剧，有 16 座剧院演出。从这个时代起，威尼斯就不再仅仅是欧洲的海洋强国和经济中心，还以它独特的城市风光和建筑美景与音乐交相辉映。另如"歌剧改革之父"维瓦尔第、天才的旋律大师亨德尔，从他们的音乐中可以感受到愉悦、优雅。他们的协奏曲作品、歌剧、神剧，都是巴洛克时期最为宝贵的音乐财富。

巴洛克时期的音乐强调模仿和表达感情，强化了文词与音乐的关系；

不仅在表现作曲家的感情、感受方面,而且在修辞和音型间形成一种语言公式,如:"凋落、跌入、深渊、罪恶"的下行跳级、"明暗、天堂地狱、拯救沉沦"的主体语言的对比,[15]装饰性更高,更加瑰丽多姿……使"含意的音乐"的标签式语言贯穿整个巴洛克时期。巴洛克音乐冲破了四平八稳的文艺复兴传统,变得更加热烈而张扬,节奏鲜明规范,旋律动听易唱,具有感染的力量和澎湃的激情,其实质和建筑的巴洛克完全一致,着意于情感、动态的表现,而服务于宗教的感染力。和巴洛克建筑的飞扬和夸张、扭曲和流动相呼应,巴洛克音乐也呈现出更多的变化,更多的不谐和音、装饰音出现,在音乐的节奏、高低、强弱和音色上出现更为强烈的对比和刺激,音乐中有了更多的光影和动力感。这种种表现因为其首先是服务于教会而遭致批评,但同时也孕育着音乐的提升和出新。

　　文艺复兴时期文化和科学技术的进步,也支持和推动了巴洛克音乐的发展。巴洛克在绘画、雕塑、室内装饰和音乐方面,是一场内涵非常丰富的运动。尽管文艺复兴运动并未完全关注于音乐方面,但是此刻的巴洛克国家却领导着音乐的潮流。意大利教堂凹凸弯曲的墙面首次使弥撒音乐产生更好的混响;德国和奥地利的宫廷沙龙中,白色和金色泥灰装饰的墙体间放着金腿椅子,天花板下面布满富有动感的人像与艳丽的蓝色、红色的帷幔,演奏着巴赫、亨德尔的作品。大约也就在这个时期,音乐作品要服从房间的这一做法被倒转过来,从此开始了建筑音响的研究,以使建造的房间能满足音乐的交混回响的时间要求。[3]可以说,此期巴洛克艺术和音乐的繁盛推动了建筑的优化。

　　音乐中的简单混声的复调合唱产生于中世纪的北欧,直到16世纪,宗教音乐的主流仍是复调只不过发展得更为复杂。此时,物理声学和乐器的发展也推动了音乐和声的出现。巴洛克宗教音乐由复调转变为主调音乐,和世俗音乐的发展一起,推动了人们对和声的认识和发展。

　　15~16世纪,尼德兰音乐以其精巧对位的复调音乐与建筑学的数学法则相近,到巴洛克前期,与建筑相关的《卡农曲》(代表人物巴哈贝尔

Johann Pachelbel,1653—1706)出现(二维码:卡农曲),正如音乐分析理论家指出的那样,《卡农曲》在不同的音程之间表现出精确呼应的逻辑关系,呈现了一种建筑式理性结构。这也正发生在五线谱普及和定型的1699年。法国音乐家拉莫(1863—1764)研究了以泛音为基础的和弦理论,出版了《和声学》《音乐理论新体系》《和声的产生》《和声原理论证》等有关和声学的书籍。他根据泛音原理构建了大三和弦,扩展了和弦的结构:七和弦、九和弦;提出了"基础低音"的概念以及转位和弦的结构,确认了音阶中主音、属音、下属音在和弦中的支柱关系,从而构建了和声体系,使之成为近代和声学理论的基础。

手工艺技术和材料的进步以及新乐器种类的出现,更是丰富了巴洛克音乐。其中最重要的乐器种类为小提琴族系。早年维奥尔琴的发音缺乏节奏的动力感,而小提琴洁净明快的运弓,以及其演奏乐曲的出色技巧能力,适合演奏舞蹈节奏的音乐。维瓦尔第的《四季》(这是一部最通俗的巴洛克音乐),堪称流传最广泛的小提琴协奏曲,是用当时最激情的、新兴的乐器描绘自然的经典曲目。

乐器物理特性的提高与演奏,和各种曲式有着密切的关系。由于器乐曲所呈现的结构和动力性表现,巴洛克时期的器乐曲发展很迅速,出现了大协奏曲、独奏协奏曲、管弦乐组曲、清唱剧、舞曲、前奏曲、进行曲、叙事曲、幻想曲、托卡塔(即兴曲)、赋格和奏鸣曲等诸多音乐的体裁和曲式。其中有些在文艺复兴时代已经出现。这些都成为17、18世纪以后从古典音乐到今天音乐的基础。

和音乐曲式的出现相对应,巴洛克时代的建筑出现了如宫殿、教堂、府邸、图书馆、歌剧院、市政厅、法院等城市大型建筑形制,这些建筑也一直定型到今天。和城市格局所表现的空间的、动力的、技术的、结构的特性一样,建筑也在多方面超越传统。音乐曲式和建筑形制走向定型的表现,是巴洛克时代社会组织和文化思想丰富和深化的表现。在宗教权威的统领和驱动下,在社会公共生活日益丰富的需求推动下中,在建筑和音乐方面也展现出更多方面的成就。新的物质技术条件包括器乐的发展,超越了歌喉所能表达的激情和理念。新的建筑技术超越了旧的、原生态和静态的建造理念;对于建筑和音乐来说正是在巴洛克时代才一起实现了这种空前壮丽的超越(图6-16)。

图6-16 典型巴洛克风格的教堂管风琴,金碧辉煌的乐器与建筑装饰融为一体,成为那个时代艺术的集中表现[网络资料]

被称作"古典音乐之父"的巴赫,是巴洛克晚期的伟大音乐家(图6-17)。巴赫给巴洛克音乐留下了百科全书式的巨大遗产,包括大量的器乐曲和宗教题材歌曲,在表现特定情景、深刻感情时更有动人心弦的震撼力。他从不同角度,以多种情态将西欧不同民族的音乐风格融为浑然一体,反映了当时社会的人文主义思想,使暗示、象征、模拟和联想手法达到了至高的艺术性。巴赫音乐中抽象的装饰性、趣味性是通过它在结构、组织、音程等方面的创新来实现的。他借神的主题表现人的精神。他萃

图6-17 巴洛克时代的音乐大师——塞巴斯蒂安·巴赫

集意大利、法国和德国传统和世俗音乐中的精华,即使在宗教题材中也表现普通人的志趣和丰富情感。巴赫演奏技艺高超,倾心探索改进乐器,规范了键盘演奏指法,空前地提升键盘演奏艺术。巴赫还长于运用建筑厅堂安排音乐演奏,以求得较好的音响效果。1722 年,巴赫以其巅峰之作《平均律钢琴曲集》验证和确立了欧洲音乐基本律制,对后来将近 300 年整个德国音乐文化乃至世界音乐文化产生了深远的影响。尽管当时众多巴洛克的艺术家倾心侍奉教会,热衷于激情和膜拜,无论是罗马的宗教音乐还是圣彼得教堂,他们在表现上帝的伟大神秘上如出一辙,然而对人的精神的表现却显得不屑一顾。但也有一些杰出的巴洛克艺术大师,在他们的心中总有着对人的热情和自己的艺术追求,例如,画家鲁本斯、建筑师伯尔尼尼的作品仍然和生活保持有密切的联系,而巴赫更是用他的一生对音乐的世俗之美进行着不懈的追求。巴赫通过强烈的"戏剧性"表达人文主义理念,不顾教会和议会的压制和指责,以自己神奇的艺术天赋不断创造出新的艺术形式、新的情感表现和生气勃勃的精神面貌。虽然有北欧国家的中产阶级支持巴赫的音乐,但在当时巴赫的作品的巨大成就仍不为人认同,反而因其锐意创新,热忱表现人文感情备受教会冷遇而被埋没。在 18 世纪教会权贵和保守势力的指责、排斥之下,巴赫一生中仅仅作为一名受雇于人的乐长而闻名,几乎没有被看作是一位作曲家。

巴赫的音乐成就是在他百年之后被门德尔松发掘研究,才重新被认识的。1829 年门德尔松指挥上演巴赫的《马太受难曲》后,巴赫才重新被确立在音乐史中的地位。巴赫作为继往开来者,成为巴洛克时代最伟大的人物,其影响深远直至今天。巴赫——BACH 的德文意为"小溪",于是贝多芬说:"巴赫不是小溪,而是大海。"二维码:巴赫托卡塔演示巴赫的《e 小调托卡塔管风琴曲》。

巴赫托卡塔
1′57s

与意大利的巴洛克潮流不同,同时期的法国是笛卡尔的理性主义与古典主义建筑风格的合流。17 世纪欧洲的古典主义在政治上拥护王权，宣扬个人利益服从国家整体利益，塑造为崇高社会理想而服务的精神。在艺术上欧洲古典主义也崇尚理性，意大利巴洛克建筑风格被讥为"奇异的珍珠"，但巴洛克风格在欧洲理性主义的质疑声中顽强地向周边和世界各地传播。而欧洲文化的主流在此期间也进入一个新的古典时期（图6-18）。

回首历史，是文艺复兴背后社会错综复杂的力量共同推进了巴洛克。建

1735—1736年的冬天，巴赫亲自认真仔细地誊抄了一份《马太受难曲》，并且用红墨水抄写了歌词

图6-18　巴赫在1735—1736年间亲自誊抄的《马太受难曲》手稿[51]

筑和音乐齐辉共舞时代的建筑师和音乐家，虽然受命服务于教会和权贵，但同时巴洛克艺术也成为新兴阶级和世俗音乐的一种新潮。1888年，H.韦尔夫林发表《文艺复兴运动与巴洛克》一书，对巴洛克风格作了系统论述，从此确立了巴洛克作为一种艺术风格的概念。20世纪西方学者对巴洛克作了更为深入的研究，赋予它应有的意义，把它看作一种重要的历史艺术风格。

　　建筑和音乐的非语义性、艺术抽象性和它们的物质技术特性，使它们更易于超越政治、阶级和时代鸿沟而获得人们的认同感。在巴洛克时期，在文艺复兴时代文化经济和科学技术的基础上，才有了巴洛克音乐发展的成就。到巴洛克晚期的巴赫、亨德尔时代，无论是乐器的发展（包括品种、结构、制作和运用），还是音乐的门类、曲式、大小调式、和声、对位和系统的结构理论，都已基本成型。此后当音乐从古典时期进入浪漫时期的19世纪之时，已在音乐的结构、理论、技术和物质条件包括乐器和建筑音响环境等方面，走向成熟和丰满。音乐早已是运用金属、机件、铜管、气阀等精巧器材的精致艺术，其中包含着丰富的技术文化内容。历史事实已证明，音乐从古典、浪漫到现代的发展都是在此根基之上，甚至相当程度上至今难以摆脱巴赫时代那无所不在的音乐灵魂。这就是巴洛克音乐和巴赫对于今天的价值。

　　从物质技术发展的方面来看，巴洛克建筑的成就基本上相当于古罗马时代砖石结构技术发展的极限（图6-19）。从材料和技术应用上看，是

图6-19　巴洛克样式的巴黎歌剧院［作者自摄］

远远落后于巴洛克时代取得的音乐技术成就的。巴洛克时代的谢幕，正是法国大革命和英国工业革命时代，及至20世纪后，始进入钢铁、合金、玻璃、高分子和多种结构、构造的现代技术世界。现代技术世界已极大超越了巴洛克时代。现代社会生活要求日益多样，必然要求建筑立足当下的结构体系。对于今人来说，巴洛克建筑从观念上或只可作为历史样式中体现富丽张扬或奢华雕琢的符号和参照，而不会像巴赫那样对今天的音乐文化仍有那么深远的影响。

从当前的建筑发展面貌迹象中，我们今天仍然可以看到一些与当年从文艺复兴的理性主义到巴洛克张扬风格的相似景象。20世纪理性的现代建筑潮流，经过近半个世纪后现代主义的多元发展之后，是否又要走向一个更为飞腾的方向？从工业革命和1850年伦敦世博会钢铁玻璃的水晶宫到现在，可用于建筑的技术材料手段似乎又接近了一个新的极限。我们是否将要面对一个新的巴洛克潮流？它的推动力或问题是什么？人类社会在20世纪经历了空前的发展，包括空前的经济、建设和技术进步，也伴随着空前的战争、环境损害和资源挥霍。人类是否值得为此付出远超过巴洛克时代那样的环境和资源的代价去追求那些更多、更大、更为夸张过度的建筑活动？这的确是一个应当思考的问题。相信世界和人类当能够以史为鉴，走出困惑。

第七章
聆听建筑

　　音乐是运动的事物。音乐的演唱、演奏，就是人通过一定的物质运动而产生音乐的过程；而音乐的传递，或者我们说"听音乐"的过程，则是一个传递动感的过程。从物理学来看，音乐是从演奏的操作运动转变为乐器鸣响振动，也就是乐器的管、弦或振动腔等的鸣响振动，通过空间的声波把音乐传递给听众，引发听者的心动，感受音乐演奏者的情绪和动态。这些说的是对音乐运动之美的直觉。

　　同样，建筑在建造的过程中，也是必须以大量的能源和动力来对建材进行加工、成型、运送、吊装、就位和装配等编织的运作。这个运作过程的结果就凝固在建筑的内外形象之中，由此生成的建筑的结构和形态的表现也就充满着丰富的动力信息。按照编织的说法，我们听音乐就是在用心和耳跟随着音乐的编织，我们看建筑就是用目光和身体去跟随建筑编织的留痕。

　　然而，要想进一步更为充分地认识音乐运动之美，就要对音乐在进行和发展过程中产生的期待和张力等感受作进一步的理解。正如人们普遍认识的那样，对于艺术之美，并不完全要求专业的理解力。观众们对绘画和舞蹈的美，直观地就会对它的形体、构图、色彩、动态等做出自己的评判。但音乐无形。在音乐中,也许你未必认识到其中的调式、调性、和声是否规范或是否严密,但仅凭直觉也能感知乐曲是否基本协调、是否完整,或也能感受它的高潮或结束与否。所谓音乐的正确和规范,是从无数美好的感知中归纳而成的。音乐的吸引力中,就包含着对音乐运动和力的美好感受。

音乐的动力感受不仅来自演奏和传播音乐的物理运动,更深刻地包含在音乐结构展现的过程之中。欧洲古典浪漫主义音乐时代的音乐评论家汉斯立克说:"音乐的美就是音乐的运动。"而20世纪音乐家亨德米特则说过:音乐无他,张弛而已。音乐的运动和张弛,除了节奏、速度和上下、高低、强弱,还有一个重要表现就是音乐进行中的稳定和不稳定之间的对比和变化。稳定与不稳定是建筑和音乐中反复出现的状态,就像舞蹈中极频繁出现的动和静的变换那样(图7-1)。在音乐和建筑中,稳定与

图7-1 稳定与不稳定的变换在舞蹈中表现得最为直观,这种心象在生活中在音乐和建筑中都无时不在。油画《伞之舞》[作者自绘]

不稳定具有心理隐喻的特征。同时，稳定与和谐的交织也伴随出现在建筑和音乐的形成过程中，始终充满着运动和力。毕达哥拉斯的音乐理念认为：美是和谐。在音乐日益丰富的历程中，其在旋律、速度、节奏、音调、和声等方面出现越来越多的变化。

建筑是看似静止的艺术。自古以来，建造房屋首先是要求安稳，但同时生活中建筑所表现的庄严宏伟也一定是包含着丰富的从整体到细节的变化，如高低、曲直、横斜、明暗、轻重的对比。当我们扫视、临近或走入建筑，游览和使用一个建筑时，发生的是我们以动态的方式与其交互，和对建筑享有的过程。在这一过程中就会发生力和运动的暗示。人们对建筑的感受，实际上是在心理上对看似静止的建筑艺术寄以动态的期望。建筑的美观和样式不断丰富，使得建筑出现更多新奇动人和惊艳的表现，从古希腊柱廊到罗马的穹拱是这样，文艺复兴的静态和巴洛克的放浪之间也是这样，从一组行列式的普通教室到一座标志性的大剧院更是这样。这时的建筑就不再只像一座雕塑或一幅画，而是像一首乐曲了。一旦体验涉及动态的美感，时间和力的理念就必然伴随而来。作为时间艺术的音乐，通过乐句和篇章的推进引导听者；而建筑则是以实体的序列作为导向，让人得到更高维度的感知。

建筑美包含着稳定与不稳定，如：正与斜、平与坡、方整与交错、平直与波折、闭合或切割、落实或空虚、寻常或歧异等。人们据此认识建筑，并通过这类经验来建立自己对行动和安危的知觉。建筑中的稳定，本质上是结构的稳定和安全，就是没有断裂、震颤或倾覆、坠落的迹象。古典建筑，尤其是古典的纪念性、宗教性公共建筑，如庄严的皇宫、官邸、教堂，都着意表现永恒稳定，端庄和谐成为表现的要素，是建筑必须追求的效果。相反，如果把某种相反的暗示作为一种表现，或表现有类似的悬疑经验的隐喻，就成为某种不稳定感艺术的手法。这种形象在现代建筑中就很常见。相比之下，建筑的稳定和力场更直觉、一元而有确定感。但音乐的天然直觉是多元化的，更不确定。建筑和音乐中有各种出自直觉的稳定和不稳定,如:单纯与复杂、平缓与冲动、静谧与嘈杂、温和与刺激、低沉与高亢、庄重与悬疑、熟悉与陌生。但进一步的对协和与不协和、熟识与新异的辨别等感知,则需由体验和训练来培养。这样,人们才能通过更多理性而不仅仅靠直觉来感知建筑和音乐之美。

其实,力与运动的联想早就出现在雕塑和绘画中。对此,不仅有无数描写动感的传统美术作品,20世纪艺术的先驱者康定斯基在他关于"点、线、面"的分析中,也已经描述空间和平面中点和线以及它们群体之间"内在的声音、色彩"和"力",[9]这些几何形态之间即通过这些声音和力呈现它们的动感(图7-2)。在点、线之间的引力和斥力作用下,形成了一些单元和组织的稳定与不稳定。这些包含着力和声音的图形其实也就是建筑感觉、音乐感觉的片段描述。随着康定斯基在图形空间引入声音和动力

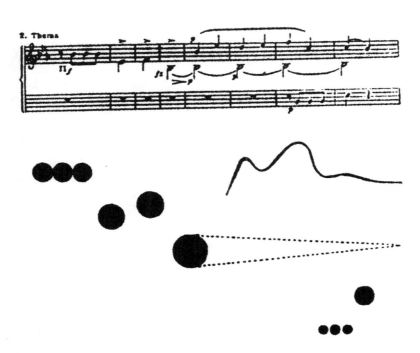

图7-2　康定斯基论点的内在声音、内在力量的图示[9]

感,人们自然也能把建筑音乐的感受更多地放到对动力感的关注中去(图7-3a、7-3b)。

在音乐史上,欧洲中世纪到文艺复兴前有6个中古音乐调式,还有中国方式音乐的"宫、商、角、徵、羽"的5个古典调式。这些不同调式的运用,是从人的文化和情感出发,根据宗教、习俗的种种观念来选择的。不同调式的音乐进行中包含着各不相同的稳定感,它们都是来自对传统和听觉和谐的认识,音乐一般还没有强烈的色彩和紧张感。当欧洲音乐普遍形成了以7声音阶为基础的自然音阶时,音乐的色彩就日益丰富起来,张弛、动感的表现就更为强烈了。这7个音程中出现了mi-fa和si-do两个半音关系,成为音乐主流的自然音阶。在大、小调式体系中,音乐中第Ⅰ音的主和弦是和谐和稳定的基础,而Ⅴ级和声弦则具有趋向主音的动势。至于离主音最远的第Ⅶ音

图7-3a　康定斯基画作《快乐的上升》(1923年)[9]

图 11　灵隐寺入口外檐
(B.梅尔奇斯《中国》第2卷,1922年)

图 12　上海龙华塔 (1411年建)

图7-3b　康定斯基引用杭州灵隐寺和上海龙华塔为"中国建筑由曲线引向一点"为例证,并联系声音和芭蕾,阐述视觉的运动状况[9]

是导音,它最不稳定,因而具有最强烈的趋向主音的动势。在音乐的音阶中,导音是文艺复兴之后直至当今普及的大小调式中经典的不稳定音,它

是一个带有尖锐感的符号,导音在音乐的进行中总是倾向于向上,进行到主音而归于稳定,就像一块被按在水面以下的木头,有浮起一格的强烈趋势。这个导音就是下图中的7-b,这个音和相邻的i-c之间只差半音。

在音乐中,这个进行的过程称为"解决",就是伴随着和声由悬疑归于稳定。导音的不稳定性及由导音引向主音的终止式,是音乐进行中的规则。在音乐感受上,半音关系的出现使人们更加认识到音的稳定和不稳定的区别。在音乐的构成中,经典的规则是音乐的进行必须从不稳定引向稳定才可达成结束。"解决"是音乐达到满足的必然结局。就像人们在建筑中浏览和行动的过程中,经历了行或止、曲或直,抑或经历了垂直、倾斜的运动而终归于平稳的体验一样。和谐和稳定的共识终于确立了从古典到浪漫时代欧洲音乐知觉的主流,并进而使这种知觉和观念得到普遍响应。

有这样一个故事:青年莫扎特一天夜间听到他的楼上有人弹钢琴,可是乐曲只弹到下主音(导音)就停下来没有继续。莫扎特心中难熬,就从床上跳起来,打开钢琴把那个没有完成的主音迅速补上,然后才安然入睡。这个广为流传的故事说明,人心对于音乐从"不稳定"归于"稳定",由悬念趋向"解决"的动势是多么强烈。这在音乐知觉中是个重要的问题。这种知觉也可以出现在建筑体验中。建筑空间中路线的出入、通过或吸引、逗留的导向性作用,展示的对人的行为、视点的引导和音乐中的稳定音、不稳定过程有着相似的作用。在古典建筑中,建筑法式规定了建筑部件的比例、衔接和收束,不能容忍某些形象和格局的脱节或缺失。现代建筑形象中,构图和造型单元的完整性表达也都有同样的规则。构图和结构的美好、完整和平衡，在成熟的传统经验中已成为一种不可忽视的必须遵循的规定。当然，在建筑的体验过程中并无所谓的结束或解决，而表现为一系列动、静和相互呼应的变化，在有的建筑体验过程中甚至表现得十分强烈。

对音乐中存在的悬念、趋向和动势的思考，最早可见于古希腊学者亚里士多塞诺斯。他超越了形象思维，把音乐的运动理论化，认为旋律就是"利用听觉和理性来追随将要发生的事情"。从中世纪到巴洛克和古典音乐时代，许多音乐理论家把运动理论的内涵发展到对位法中声部的运动、音程的渴望、音乐进行中有如演说般的逻辑动力等，认为如果把和声看成一种声学（音响进行）中的"重力"作用，就很容易理解和声音乐的平衡变化、振动和稳定、不协和向协和的解决，以及最终归于平静的原理。把不稳定的属音向主音进行的对稳定和解决的趋向，与重力的引喻相联系，这种"空间—数学—力学"的理论成为近代以来认识音乐的基础。[28]

18～19 世纪的和声理论也不同程度地借动力概念来解释音乐运动及和声进行。在科学学术发展的背景下，音乐学者拉莫把不协和音的解决与牛顿力学中物体碰撞时的能量转移相类比。进入 20 世纪，音乐的动能论学派又进一步提出"和弦与生命的关联"，如申克提出"音乐就像活的生物，有它自己的社会法则"，"曲式是一种力的转化"。20 世纪中晚期，则有音乐是"力的和声调性的戏剧"，而"动能是一种比节奏更普遍的现象"，以及对音乐的"动力场"的论述等。[77]

在音乐中出现关于动力感的思维，就是把音乐思维的联想从数字和视觉的维度，扩展到包括触觉和体感的全身心知觉，动力感的维度使不断创新的音乐有了更为鲜活的解读。稳定与不稳定情景的上演，不仅在音乐中，也在一些相关的艺术如建筑、舞蹈等中引人关注，同时在关联和统觉中呈现出丰富的多维性。

在音乐从古代到现代的发展中，有一个从八度、五度、三度等的逐渐细分，再经过更加不协和的六度、二度、七度，直到半音化，逐步走近抽象、引发悬疑的过程。这也是不断用新符号超越旧符号的过程。到了现代建筑和现代音乐中,这种对协调、稳定、期待和动力性追求的概念,处在不断的转移和扩展之中。层出不穷的突破和超越,都可能成为某种蓄意表现刺激和躁动的手法。除了导音之外的各种变音、转调、不协和甚至噪音的运用,意味着悬念、冲突以交替的动态在音乐中推进,并时而带有走向稳定、引导解决的趋势。如中国音乐家桑桐先生《半音化的历史演进》中所论述的那样,从古典、浪漫主义到近现代,音乐从自然音阶到半音、变音不断丰富,是音乐不断在新的悬念中追求创新的过程。

在建筑中,自然也有不规则的力的悬念和光影的悬念,也像音乐的半音和不协和的悬念一样,包含着模糊、疑问、新异、神秘和张力,不断由疑问走向理解,转而产生更新的陌生符号和疑问,寻求新的悬念和变化。追求变化、创新、刺激是人类审美性情的重要过程。人文理性的平和、协调和超越人生的张力永远在超越和较量过程中。音乐在从自然音阶向半音化演进的过程中,常把人类美感的抽象能力推向更高的境界。如果把上述音乐发展过程和建筑相对照就可以看到,无论在东方还是西方的历代建筑中,光与色的张力和动感的表现是随着时代和技术能力的演进而不断发生着创新的。

建筑的不稳定感引起的悬念和张力,不仅可以和建筑空间的不稳定感相联系,而且也可以和建筑内部的光环境对应起来。环境中光影的变化,在阳光下和阴影区中,会导致人们有不同的情绪表现。例如埃及金字塔的稳定、庄严是多么地不容置疑,而进入阿蒙神庙的柱间那沉闷阴暗的空间,会使人产生压抑和渺小的幻觉,如听闻混沌的轰响。在建筑的感觉中,阳光下的墙体和凹入的棚、廊之间,实墙表现稳定,而凹入的棚、廊阴影表现着未知、隐约的情景。从物理学概念上说,实体的墙,重者是稳定;空虚的檐下,透明玻璃后边灰暗的阴影中可能包含未知的世界,而玻璃的反光则意味着发生某些偶然的变换。在音乐中,如果说五声音阶和自然音阶意味通俗易懂的话,那么半音的接续则包含着暧昧、模糊的不确定性;如果自然音阶是对应着规则、方整、明确的阶梯和圆满的券廊,那么半音化的表现就意味着出现了模糊曲折、交叉或倾斜、蜿蜒的混沌形态(图7-4a、7-4b)。

图7-4a 文丘里设计的"母亲的家",其中轴线上空虚的门洞成就了"家"的醒目形象[网络资料]

图7-4b 如果封堵这建筑中轴线正面的空虚,建筑物即失去了悬念、吸引和运动的导向[网络资料]

一般而言,传统建筑有其经典的稳定感,那是建立在传统技术和传统审美基础之上的。但也就是在传统技术审美的环境中,我国山西古代的建筑匠人也曾创造了如晋祠鱼藻飞梁和悬空寺(图7-5)那样的炫技之作。这种"炫技",就是在挑战传统的稳定观而寻求新的美感。

图7-5　山西悬空寺,静止而有动力的暗示。中国传统建筑把人们的体验引向安全稳定边缘的典例[作者自摄]

到了现代,技术和观念的进步就更多地推动着建筑表达超越传统的稳定观。20世纪的"现代建筑"以混凝土和钢结构的加强,颠覆了支持与悬空、落实与跨越的常理,如倾斜的棚檐、悬挑的钢梁、轻质而又高强的金属、透明而又闪烁的玻璃,不仅带来更多的视觉和心理的悬念,并强化更复杂形象的肌理刺激和光线变化的刺激。这些"现代建筑",不是为人的栖息,也不仅是为了避雨和支撑上无羔,而是为构成和营造心理张力的必然之举,是对比惊人的亮点。当代如卡拉特拉瓦的精湛建筑形象,就更以体量和线型的

图7-6　卡拉特拉瓦设计的现代建筑的巨大悬臂,构建伸展呈示着强烈动力的表现[网络资料]

对比甚至是以结构失稳的意象来传递强烈的动感(图7-6)。

欧洲传统音乐的终止式与和声进行,和世界其他民族地区并不具有完全的共识。对世界不同地域多元音乐文化的研究表明,不同民族、地域和风俗中的音乐有不同的传统美感和物质环境,包括不同的乐器和听觉素质等。这些音乐和那里的建筑一样,拥有自成一体的符号结构。同样,也可以在他们特有的建筑和音乐的符号系统中,看到不胜枚举的统觉的表现。中华民族的各种古乐、民歌、戏曲体系也是这样,从中国人的习俗、面容、眉目、身姿、衣纹和绘画、建筑、音乐,包括对应的器材如毛笔、草叶和丝竹中,可以看到以线的表现为特色的中华艺术传统渊源之深。中国建筑中穿斗木构架和凹曲线式屋面建筑体系,究其来历,与丝竹琴笙的传统音乐有着共同的细胞和脉络。

传统音乐或通俗民间音乐对情绪的表现可以有悠扬、急促或凄婉、清脆或欢快等,包括种种装饰的添加以及上行、下行等。这是和歌唱的俗成手法相关的,也是与人日常的行为、语调或舞蹈的身姿相呼应的。这种表现繁荣于从宗教中获得解脱的文艺复兴到巴洛克时代。在近现代,音乐虽然日益变得抽象、模糊,但音乐的基本表情仍未能离开人的生命的情态

和动力感。

　　苏珊·朗格在《情感与形式》中，把建筑造型归为创造虚幻空间的"最高形式"，把音乐概括为"时间意象"，把舞蹈概括为"虚幻的力"。在音乐中的时间，可分为实际时间和时序，对应着人生现实和历史中经历的时间。为揭示音乐和建筑在动力感方面的关联，我们在此借舞蹈作为一个中介，因为舞蹈兼具有音乐的时间意象和建筑的空间意象，并同时存在由人体所表现的动力感。苏珊·朗格特别提出舞蹈中关于"肌肉的想象"和"内在的听力"。音乐里的"肌肉想象"，对音乐创作者和演奏者的音调想象起着主要作用。任何音调的高低、强弱、快慢都与肌肉相关的心象和动态相联系。作曲家在情感的引导下，产生了相应的情绪和肌肉的内在冲动和紧张。这种肌肉的冲动和紧张也直接影响了作曲家构思音调高低和想象强弱快慢的思维运动。

　　演唱、演奏者在演绎一部音乐音响作品时，其音调想象也离不开演奏动作的肌肉想象，包括其高度、速度、强度和表现难度的肌肉想象。它表现一种产生音调的行为，或对于表现音调行为的想象。从生理学角度讲，是肌肉开始产生对音调的感觉。它是符号，通过它，音调得以想象。内在的听、音调的肌肉想象、外在听的欲望，这些决定了一部音乐音响作品创作的最后阶段。[10]

　　联系建筑和各种造型艺术的过程也可以看到，这种"肌肉想象"和内心的张力也会发生在建筑、绘画作品中，甚至在书法艺术中也有淋漓的表现。中国的毛笔的运用中对肌肉运动的力度、速度、转折、顿挫、挥洒的表达，使书法成为臂腕运动的凝固和记录。中国书法艺术的草书已经常被用来和现代的解构建筑风格相类比，以说明传统结构在激越冲击力作用下的形式演变。联系到音乐，我们也常能看到相似的表现。

　　在建筑中，与"肌肉想象"相对应的也许是结构材料的想象，有材料的性状、强度和尺度，与生成时的力和它所承受的力相关的印象。在这里，能量、张力必然与情绪、情感相关。

　　显然，"肌肉想象"是一种力的思维，一种外力、内力、心理力的共鸣、传递、感染的过程。这一张力感染过程，在音乐、建筑和多门艺术中都有类似的响应。

　　如果把这个力联系到物质和材料的动力表现，就可以产生对于音乐和建筑的结构力的想象，例如乐器中的厚重器件与低音发生联觉。这样，我们就不难理解声音、音响和世界物体的性状色彩为什么会让我们产生形象化的通感的原因和依据。建筑形象和音乐形象之间的联想和对照在人的心象中形成，通过符号的心理引导、心理力的"肌肉想象"和物质材料的力学想象，就在心理空间中建立了联系。阿恩海姆在讲述建筑的视觉动力时，也时常提及音乐动力，它就是人们常提到的建筑、音乐的动力作用。这种动力作用，就是在音乐和建筑中之所以会出现种种动与静、张与弛、悬疑与稳定、延伸与收束，导音与和弦的"解决"的根源。

　　审美中的肌肉想象或者说对力的想象，对于体验建筑十分重要。审美的肌肉想象里包含观者的理解和评估、人的情感情绪，以及对结构物的内力的不同感受。内行、外行、建筑师、艺术家、业主或路人对内力都可能会有不同的"想象"。建筑和音乐作为一种面向公众的艺术，必须包容广大公众和外行的认识，而建筑和音乐作为一个跨界的话题，也一定要包容互为行外的交流对话，这是十分正常的。人们在看建筑时会产生对"力"的想象，这其中也包括对精神的震撼力和物理力的联想。从专业技术来说，这"联想"通常指的是这个内力怎样起作用。比如悬臂结构、各种大跨度结构的"力"的问题，不仅是建筑师对结构的造型有很多感性的困惑，在一些结构设计师的直觉和计算之间，有时也觉得费解。通常，是结构师给我们的建筑师提交计算，但是建筑师也可能按照情景或心理的需要来对建筑作出表达。这就反映了一个问题：结构计算的数据是一回事，但是我们在心理表现上，需要一个直观或夸张的感觉。类似地，在音乐中，音响作为情绪的描写，有时对一乐音作品，不同的演奏者也有不同的表演。演唱、演奏者的手势体态与乐感的配合，乐队指挥的身体语言，上升为一种对乐队全局的控制。一种音乐心境、音响组织在音乐空间中的表演,此时建筑的形体、空间和构件就起着引导和表达人的聚散、行止、起坐的意向的作用。这也是建筑动力感符号的重要方面。

嵇康(223—262)《琴赋》中有一节专门对音乐的意境作了描述:

含天地之醇和兮,吸日月之休光。郁纷纭以独茂兮,飞英蕤于昊苍。夕纳景于吁虞渊兮,旦晞干于九阳。经千载以待价兮,寂神跱而永康。且其山川形势,则盘纡隐深,磈嵬岑嵓。亘岭巉岩,岞崿岖崄。丹崖崄巇,青壁万寻。若乃重巘增起,偃蹇云覆。邈隆崇以极壮,崛巍巍而特秀。蒸灵液以播云,据神渊而吐溜。尔乃颠波奔突,狂赴争流。触岩抵隈,郁怒彪休。汹涌腾薄,奋沫扬涛。

那形象、空间和运动俱在其间。中国自古就常用"高山、流水"来描写音乐的某种悠远意境,《琴赋》是其中的典范之作。

中国古人不仅借助大自然的运动来阐述音乐,同样也惯于借助自然和神灵的动态来描绘建筑,因而传统文化图腾的龙凤和鸟兽元素就往往作为动感的母题,融合在建筑的屋面造型和装饰图像中。于是,对经典建筑群体形态的描述,也就常借用"龙飞凤舞""勾心斗角"来形容建筑的动态。

中国古典文学和诗词歌赋中也不乏以动感想象来描绘建筑的语言,如唐代书法家孙过庭书《景福殿赋》中就有这样描绘建筑的文字:

桁梧复叠,势合形离。赩如宛虹,赫如奔螭。南距阳荣,北极幽崖。任重道远,厥庸孔多。于是列髹彤之绣桷,垂琬琰之文珰。蜿若神龙之登降,灼若明月之流光。爰有禁匾,勒分翼张。承以阳马,接以员方。斑间赋白,疏密有章。飞柳鸟踊,双辕是荷。赴险凌虚,猎捷相加……

　　《景福殿赋》是何晏为魏明帝曹叡许昌行宫所作。如果在今天，这简直是出神入化驰骋太空的宇航之歌。但这表达的原意却是中国传统中国人对建筑和建筑场在观察、感受、想象中的动力性思维的情怀。所以我们可以确信，在中国传统里，建筑体验的形象美、空间感和动力性，原本就有与生俱来的一致性（图7-7）。

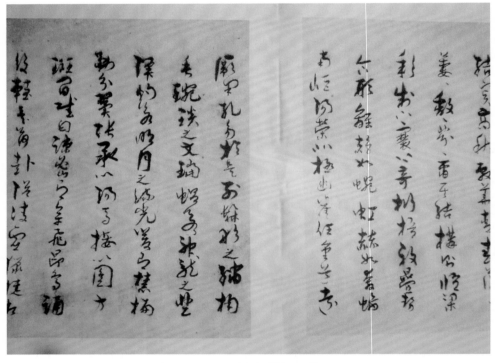

图7-7　孙过庭书《景福殿赋》

　　中国建筑学者王其亨说："'凝固的音乐'这一比喻与西方建筑的传统特性相符，深植于相应的文化氛围和思维背景中，反映出西方传统审美观、时空观及数理特征。而反观中国传统建筑，则有迥异的思维文化背景。"他还引用另一位学者的话说："在西方的艺术观念中，建筑、绘画和雕塑是同一性质的艺术，但是中国对建筑艺术的要求却更多地与文学、戏剧和音乐相同。中国人讲求全方位观察建筑组群外部空间，看重人在其中的动态体验，'凝固'的提法显然未尽贴合中国传统建筑与音乐的关系。"[47]

建筑和音乐中所表现的空间、运动、时间和力，其虚拟的一面具有同样的多维表现，更拓展了建筑和音乐艺术特色相通而交织的丰富性。

与建筑相比，在音乐中对力、速度、时间、空间的模拟，往往采用更加节能的方式，如手锤的鼓声可以表现雷霆万钧之势，德彪西和格里格用交响乐描写大海中的风暴，柴可夫斯基在《1812年序曲》中用炮声来宣泄胜利的激情。这些声音本身都无法和巨大的建筑的力相比，但声波的震撼力或压抑感有时却更有强大的心理策动作用，乐声常常比视觉更能介入人心。

人是怎样感受音乐的？前文已述及。汉斯立克说"音乐的美就是音乐的运动"，当我们联系到音乐场的概念，那么音乐的运动就不止是音乐的表演，它还是人的意识跟随着音乐场的运动。听音乐时，人们在每一瞬间听到的只是一个或几个音符，是我们通过记忆把这所有瞬间的音符积累起来联成一体，然后形成对音乐的一个总的印象。在音乐中，我们不可能让记忆停留在任何一个瞬间感受，而我们对音乐的总体印象是这个动态记忆的综合。这个跟随的过程，是人们在时空中同步而充满预判和期待的过程。这是悬念、预判和美的期待，或是在对话某一部喜爱的熟悉作品。人们的爱乐就是在受用这种富有美感的追逐。

我们再回到人眼看建筑的过程：当观察和游览建筑时，建筑的形体和空间在眼前展开，人们经历着步移景异、曲径通幽的过程。如果说这和人们欣赏音乐的过程也很相似的话，那只是说出了问题的一半。人眼观看一个静止场景的过程究竟是怎样的？人们常说观察某件事物可以一目了然，其实真正能够"一目了然"的只有照相机，而人眼却不能。人眼的构造中，视网膜黄斑中央凹（fovea centralis）是唯一具有敏锐分辨力的小区域，它只是人眼视野中间约2°的极小一块。所以当人看书时，一定要沿着一行行文字逐字逐句地扫视。人眼和照相机不同处是，照相机能够刹那间记录全景，而人眼的视网膜黄斑不可能在一个瞬间看清全局，人眼在每一瞬间能看清楚的只是很窄的一个点。视觉的不平均之所以很少引起我们的注意，这是由于我们随时可以把视线移动到我们感兴趣的任何一点。而且，由于眼睛的移动非常快，我们能够将快速闪过的小块视觉单位给想要观察的对象建立起一幅详细的图像。由于视觉过程会延续一定的时间，所以人可以通过身体或头颅、眼球的转动让视网膜看清建筑的各个局部。人们在看风景、看一幅画以及阅读，和在图像中搜寻的过程都是这样的，通过"扫视"和记忆，把一系列图像累积综合成总的印象，这就是人们看建筑和景观的过程，它和听音乐的过程其实是非常相似的（图7-8）。

a

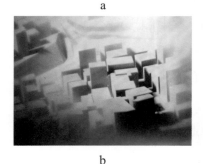

b

c

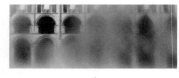

d

e

f

g

图 7-8 眼睛在实际的阅读和观察中，每一时刻只能注视一个极小的范围，如图a-f，只有摄影可以记录图像g

对于静止的建筑,我们还可以主动地选择我们的观赏次序,也可以随意反复地观察。无可否认,使用和体验建筑的过程更是一个运动的过程,人们早已把自己在建筑空间中的游览和行动视作一种动感的体验。可以说,人们不仅是在空间、方位和形体与建筑的交互中,更是在视觉扫描即眼球和视网膜运动的效应中,获取着和音乐韵律相同的建筑韵律感。这种建筑动感体验的方式比体验音乐还更加自由多变一些。

在节奏方面,人类在按自身的节律的脉搏、呼吸、步伐进行的生命过程中,音乐节律的速度和长短、总体和局部的变化、音乐结构和织体中空间感的变化等,都会与人的生命节律发生对照和干预。音乐的节拍速度对于人的精神可以产生一定的策动作用。按基本乐理的概念,音乐表情符号对应的速度按每分钟的拍子数就有:广板(Grave)为46,行板(Andante)为66,中板(Moderato)为88,小快板(Allegretto)为108,快板(Allegro)为132,急板(Presto)为184拍,最急板(Prestissimo)为204拍等。这些和"数"相关的"拍",也属于人们最早对建筑和音乐在数字上相关联的认识。不同音乐节率的"每分钟40到200拍",也大体覆盖了人的步伐、心律、呼吸和语速、嘻笑的律动节奏。人的手臂、手指甚至头颅和舌尖,都有其各自的舒缓或激速的常率,音乐的节律如此相近的笼罩,就使之拥有了一种便于干预和策动的机能。

进行曲、摇篮曲和各种舞曲对人的作用,只是相关音乐中简单通俗的那一部分。音乐中最短的单个音也必有一个明确的长度,所以音乐中一个独立的单音,会接近一声语音的时值;而极短促的乐音,如16分音符或32分音符必定是呈现一定的组合状态,表现为一个或一组音符,或一个小节、一个乐节。不同的音乐游走于单音、组合状态的乐节之间,或诱导激发,或息缓抚平人们的生命节律而带来情态的转变。当音乐相对平缓或加速,其时是在诱导人们情绪放松或收紧,让生命节律跟随着音乐世界的张力而变化,近极而可挟,亲极而善诱。但如果二者的节律相距过远,这种诱导就也可能因产生逆反的不适而失去作用。这些速率对人的作用,根本还是在于情感、情态的动力性。

　　同样，在特定的建筑环境中活动，人的脉搏、呼吸、步伐和眼睛扫描的节奏也会被牵动。这就是建筑和音乐在和谐的反差之中对人的生命节律产生干预。建筑作为人类精神的环境场，也会和音乐一样处处表现出在尺度和空间上对人的行为、情绪和精神施加的张力。这些张力是伴随着人在建筑中的行为而发生的，如起坐、倚卧、行走、巡察、观览等。从建筑的构件如门窗、阶梯、栏杆的尺度和密度，到房间、通道和厅堂的尺度，甚至楼群和庭院、广场是宏伟或压抑、宽松或是局促，这些都可以成为影响张力的因素。以建筑的阶梯为例，按照人的脚步，阶梯的尺度可以在0.5～1.5步长之间和15～35cm高度之间出现。通常，密集关联着紧张，而舒展则感觉平和（图7-9）。建筑空间的不同高度也会引发不同的人体节律表现，过度的压抑或空旷就可能因失去和谐而使人无从体验建筑之美。

　　和建筑场的阶梯对人的感应及其相似，音乐的节奏速率对人们情态在音乐中的节奏和音符，也都有适度的时值和强度。建筑上的一个饰线、一组栏杆、一组阶梯或一个门窗这样的一些细小构建，也往往呈现一定的

图7-9　不同尺度和陡度的阶梯，可以带来不同的动态和心境

组合状态,从而建立一个个能被感知的元素,并和生命的节律发生响应,其中有不同的数学关系如等分或以某种比例呈现着不同的张力和美感。

简言之,音乐中的一个乐句,就可能关联到建筑的一个侧面或局部,而若干乐句或建筑局部的综合,就完成了一首音乐或建筑的篇章。如果说从符号的关联可以把建筑的轮廓或内外表面比作音乐的旋律,那么音乐中和声系统对旋律的动力性的支持,也恰似给建筑以力学支持的结构体系。建筑结构的梁柱和构架系统可以或隐或显地呈现在建筑空间和建筑的表皮内外,也就像音乐和声和音乐织体那样,形成了韵律感各异的动力表现。

到这里我们已经看到,作为来自环境的感受,建筑和音乐对人的作用过程是多么相似,即:当心理场追随着音乐或建筑的"物理场"运动的时候,人的感受是一个动态的过程。所以从"动力性"来看建筑场和音乐场,就恰如晏婴所描述的"清浊、小大、短长、疾徐、哀乐、刚柔、迟速、高下、出入、周疏"那样,是伴随着人的动态而发生的心理存在。

这也就是为什么有了梁思成先生把天宁寺塔的图形和音符的节奏并列进行对照时所说的:在层层屋檐中"看到"了建筑的节奏。于是,从音乐的角度"聆听建筑",也就是从建筑中的韵律节奏中去感受建筑之美,从建筑中去感受音乐之美。

可见,音乐的美就是人的意识跟随着音乐场的运动,建筑的美就是人的意识和行为跟随着建筑场的运动。有了运动的想象和运动的体验,我们就能感受到这个建筑的美。所以,在我们思考建筑和音乐的关系时,应该尽可能将建筑看成是"动感的艺术",而不只是把它看成是"凝固的音乐"。

事实上,如今人们已对"凝固的音乐"一说提出不同的看法。不认同建筑的静态,其实是不认同把感受建筑的过程仅看作为静态,而以为应更多地认识建筑的动感体验。这也让我们更多地看到了建筑和音乐相通的又一个重要方面(图7-10,7-11,7-12)。

图7-10 巴洛克建筑张扬扭曲的动感，在伯尔尼尼设计的圣彼得大教堂的祭坛上得到极致刻画[作者自摄]

图7-11 黄鹤楼，以建筑形象寄托飞翔理念的中国经典形象[网络资料]

图7-12 江苏东海水晶博物馆，以强烈的动力感表现地质变化中水晶的生成[作者设计、摄影]

第八章
歌与城

欧洲歌剧源自文艺复兴的意大利,它不仅是音乐与戏剧文学、舞台艺术的高度结合,也推动了声乐和器乐的相互促进和发展。前些年普契尼的歌剧《图兰朵》在北京故宫前太庙上演,使《图兰朵》的歌曲传遍了中国,也让江苏民歌《茉莉花》再次传遍全球,成为中国在世界的音乐名片。

```
1=C  2/4

3235 6516 | 535  6 | i 23 2i6i | 5 35· | 535  6 | i 23 i65 |
好 一朵茉莉 花   好一朵茉莉 花,  满园 花 开

5 2 35 32 | 1 6i· | 321 2·3 | 5 6i 65 | 532 35 32 | 12 6 | 1 |
香也香 不过它,  我有 心 采 一朵戴 又怕 人

2·3 1 2i 6 | 1 65· |
笑    话.
```

《图兰朵》是描写中国元朝公主因复仇而引出的浪漫故事。歌剧中出现了许多东方风格的旋律,按歌剧的结构塑造了宏伟的音乐场景,也表现了剧中的曲折故事和情感冲突。《茉莉花》是中国苏北的民歌,但为了满足

歌剧的要求,《图兰朵》中的东方音乐却表现为一种与原始民歌不同的
情调。

　　《茉莉花》歌声飘过大地,使人心里浮现中国乡间田园的秀丽的景色
和那些纯朴可亲的村舍木屋、小桥流水,就如《茉莉花》歌曲情意醇醇,优
美至极。正如民间艺术的传统和共性,民居建筑的传统也是这样,不必多余
的构件堆砌,无需修饰而给人亲切和温暖,赏心悦目、温馨宜人(图8-1)。
这是《茉莉花》音调、语言形色飘香给人的感受。

图8-1　秀丽的中国江南文化传统和江南民间建筑元素,哺育了《茉莉
　　　　花》这样淳朴优美的民歌[吴冠中作品]

　　《茉莉花》在约400年的流传中,漂洋过海传到了欧洲。这优美抒情的
中国旋律打动了普契尼,为了让《茉莉花》的旋律承担歌剧中更宽广、宏大

的感情推动,作曲家把这小曲加以发展而使之拥有更多的层级,在歌剧中多次再现并且提升到更激情的境界。《茉莉花》虽然以民谣的形式引出,但演唱的歌词却是"在东方山顶上有鹳鸟在歌唱……""从沙漠到海洋……一千个声音的呼唤",成为澎湃的帝王豪情。把民歌情调提升为歌剧中"百花齐放,万物闪亮"的颂歌并转而推向王权和复仇的咏叹,这已不同于民歌《茉莉花》的原生态,就如北京的紫禁城是享誉四海的东方帝王之宫,已经远不只是民间工匠常作的木筑瓦房。

《图兰朵》中的《茉莉花》和紫禁城中的木梁架构元素,为着同一个国家和帝王的主题,一个无声一个无形,却因它们在场景的推进中运用着同样的语法而变得宏伟而辉煌。《图兰朵》在太庙的上演,是音乐与建筑物汇合的盛典,和歌剧院舞台上的布景相比,古建筑大殿的景物和北京古城的心理背景为歌剧提供了绝好的支持。当《茉莉花》歌声在本土的天空回响时,它的影响甚至会飞越宫宇和城垣,给有闻这一盛典的社会带来强烈的感染。《茉莉花》传遍了世界,又随着《图兰朵》飞回了紫禁城,这是音乐和建筑的传奇故事。

这民间小曲在歌剧中产生的结构的升华,犹如从世俗建筑的民居小宅向官家大院和君王宫廷格局的提升,民居等级的庭院因制度的主从、尊卑而沿着中轴线提升为宫门、影壁、前庭和正厅、厢房、主殿等,直到君主皇城的"天子之堂九尺,诸侯七尺,大夫五尺,士三尺……"和"匠人营国,方九里,旁三门。国中九经九纬,经涂九轨,左祖右社,面朝后市,面朝一夫"的格局。

在中国的建筑发展中还能看到许多这样的例证,从中国民居传统中千姿百态的家居小筑,到山西的乔家大院,或是巴蜀的青羊宫、曲阜的孔府,它们都展现着轴线格局的提升。而北京从元大都沿续到明清时代的故宫,更是传统木构建筑系列布局上升的顶级。故宫紫禁城建筑,在《图兰朵》时代根据宫廷的制度,规划出层叠的空间序列,从天安门前的千步廊,到进入后的端门、午门,午门内有太和门、太和殿、中和殿、宝和殿直到后花园和俯瞰全城的景山。这和音乐中主题在全曲结构中的发展一样，遵循着同样的规律（图8-2a、8-2b）。

　　建筑、音乐与生命运动的密切相关，决定了它们在生命空间中的穿透力和它们作为"场"的存在方式，使它们成为各种艺术中传播最广的艺术。音乐即使没有公开直接演出，也会以各种方式流传。由于表现形式上的抽象和不确定性，又使音乐在传播中会经历各种演变。《茉莉花》在中国各地流传极广，各地都有不同的唱法，当民歌在不同地区、不同风俗和方言的族群中传播，随处会出现如：加花、减缩、扩展、改变结构、改变调式、改变体裁，甚至连歌曲名都有不同。如东北、河北都有不同的《茉莉花》民歌。而最早的《茉莉花》据考证叫作《鲜花调》，原

图8-2a　故宫的总体布局，沿中轴线由南而北形成了严整宏伟的空间乐章［网络资料］

图8-2b　故宫建筑场的篇章序列，复合韵律和庄严气象的呈现［画报翻摄］

来是明朝嘉靖年间流传于江淮一带的俗曲《双叠翠》中的选段。

　　这种传播也酷似我国本土的民间建筑,如江浙、湖广、东北、川藏、云南等地,由于地域、气候、建材物产和风俗的差异,民居建筑也表现出同宗异构或同材异筑。在轴线和空间的组织上,在传统木结构技术和装饰风格上,或在各地历代的宗祠、宫殿、庙宇中,用不同的布局和色彩表现相近的文化观念,却又呈现出不同的乡土风采(图8-3、8-4)。

图8-3　中国贵州苗族山村,它的巷里屋后又有一串风情别样的民歌[作者自摄]

图8-4　浙江兰溪诸葛村民宅门前[作者自摄]

　　《茉莉花》柔美小调与宏伟城池之间的连结,从建筑和音乐的历史演变上看,反映了建筑和城市也可以看作为时间艺术。它的另一层意义还在于,它说明了建筑和城市在伴随着人们生活的岁月中,也经历着多彩的生命周期,由于和人类生活密切相关,随着生活和社会的诉求而生长变化着,如陈设、装饰、修缮、改扩建等。在这方面音乐也十分相似。歌剧《图兰朵》自1926年首演以来,已有过来自不同的年代、地点,不同的策划和导演的很多版本。从巴赫的《马太受难曲》、贝多芬的交响曲,到柴可夫斯基的芭蕾舞音乐作品,在历代不同的演奏或指挥家的演绎下,也都呈现出不同的风采。这都是由音乐的存在方式和音乐作为活的载体与人的关系的密切程度所决定的,因为音乐必定要世世代代地伴随着人类前行。与绘画、雕塑或文学不同，当它们发生仿制或改编时，就可能成为另一个作品；而建筑和音乐有更强大的根，能够承载社会文明与时俱进的发展，从而自身也不断被赋予新的生命。

建筑和音乐拥有强大的可传播性，并常与当时当地的人群身心相连。人类早年先民们的建筑与音乐活动，是从自建民居小舍与自展歌喉开始的。与人的生活最亲近而常见的建筑一定是民间的宅居，最亲近而通俗的音乐也必是人声的歌唱。住居从原始建筑群落、村镇到城市的发展，这其中包含的不仅是数量和规模的扩大，不是简单的重复和聚集，而是始于有机结构体的蔓延，如内外交通、街道和广场、生活和集市、宗教和地标种种公共设施的出现，都表现着如同音乐篇章一样的序幕、发展、延伸、铺展、突起、过渡、高潮，并有人物和故事的篇章融入其中。如果《茉莉花》是一村舍小筑，那么歌剧《图兰朵》就如一座城池。在建筑中，村落的元素可以经过升华、建构、规划、重组而成为城市那样庞大的系统，有如歌剧那样，是有布局和结构、有角色和剧情、有歌曲组织的宏大群体。相类似地，在音乐中，无论是成篇的乐章还是整部的歌剧，它们在规模上的提升必然是通过歌曲和音乐的交织，通过结构和层次的扩展来实现的，宛如大厦楼宇柱网的层层叠叠，城市街衢路网的交错如织。集群式的建筑活动和音乐活动往往伴随着更多的协调和约束性要求，如在《图兰朵》中，《茉莉花》旋律无处不在地在耳中飞翔、再现着；而在紫禁城的天际来自民间传统建筑构架举折的"凹曲线"轮廓，也无处不在地萦绕在宫城的金碧辉煌之间。

对于歌声的感染力，中国有古人云："丝不如竹，竹不如肉。"是说丝弦弹拨的曲子不如竹木吹出的曲子动听，而竹木吹出的曲子又比不上人的声带直接唱出的歌曲动人。《孟嘉别传》中，桓温问孟嘉："听伎，丝不如竹，竹不如肉，何也？"孟嘉回答说："渐近自然。"器乐和吟唱与人的声带、唇齿气息控制不同处是，乐器演奏时主要是运用人的肢体和手指或呼吸，还要借助乐器的结构性能，因此往往不能表现得如人声那样亲近入微；而动人的情感表现莫过于"如泣如诉"，正是"丝竹"所追求的表现境界。丝和竹要演绎动人的情感，就要再现如"肉"那样入微的力度和情调。歌声表现的是音乐动人的一个方面，而器乐是音乐表现的另一方面。自欧洲文艺复兴后的近 400 年中，由于乐器的发展，乐器的功能模仿人声和为歌曲伴奏已发展成为具有独立特征的音乐演奏。在器乐发展的历程中，各种管弦乐器表现旋律的最高境界，仍在对于人的心灵和气息产生"如歌"情景的再现。但是，不论丰富的音色、音域、音量有怎样辉煌的配器音响，乐器仍只有在人的肢体、指尖或嘴唇的控制下才可以在速度、灵敏和音响上超越"肉"声。快速的音符可在急板速度下演奏 16 分音符、32 分音符，这是人声以其唇齿和喉舌所不能达到的。这已是对人们的原始情态的一种提升。

从文艺复兴到巴洛克时代，由于乐器技术的改进和演奏技术极大的推进，钢琴、小提琴和乐队得到了很大的发展。与歌唱相比，器乐的发展有如音乐中的建筑，无论在篇章、推进、变化，还是在节奏、音量、音色、和声组织上，器乐都可以极大地超越人声、语言、歌唱所能及的情感表达。在这过程中，半音化、变音和不谐和音的出现也在不断丰富情感的表达，音效产生的刺激不断随器乐物质性能的推进而强化。音乐表现力的强化也和文化、技术的推动有关，实际上同时也推动了非语言表达和更抽象化、更富有空间感、更多层次、更为动态的音乐发展。保罗·贝克在《音乐简史》中说："无论怎样简单的乐器都具有其机械特性。机械装置的介入必然使音乐的形成受到制约，因此就出现了新的音乐语言规则。""机械概念和自然科学知识的深入人心，是音乐得到发展不可否认的前提。"(32)我们可以看到，16 世纪以来，由于音乐的曲式、结构、和声的丰富和乐器连同演奏技巧的成熟与进步，一个浩如烟海的器乐音乐世界已经形成了。

汉斯立克在 1854 年就曾说道："只有对器乐音乐的论断才能适用于音乐艺术的本质——因为只有器乐音乐才是纯粹的、绝对的音乐艺术。"，以至于当今我们谈到音乐或是"爱乐"时，难免都要留意一下是指歌曲还是音乐,后者在爱乐者心中一定毫无疑问地被默认为器乐音乐。

    在建筑的世界中也有这样两个相似的领域。人们最初是为了自己的住居而建造,随着宗教和社会的发展,那些用于居住以外用途的建筑就出现了。社会生活的发展使人们日益重视仪式的意义,由此推进了人们对建筑场的时间序列感和空间序列的认识,也唯有建筑场和音乐场能够对此承担无可替代的作用。神庙、宫殿、祠堂和作坊这些场所都对仪式、空间、人的活动程序提出了和住居不同的要求。所以我们可以看到,无论在村镇还是城市,在栉比鳞次的住居群落之间都矗立着教堂、宫殿、神庙,有时还有碉楼和磨坊(图8-5)。当人们登高俯览,往往把后者作为关注的重点甚至作为地标,而把那些住居看作是美好的人间生态背景。即使到了

图8-5　克鲁姆洛夫古镇,每一丛住居都像剧情中一段优美的歌曲,而那尖矗的钟楼教堂正如一首领衔的序曲乐章[作者自摄]

现代城市中,人们对建筑的关注方向大体也是这样。在城市层层叠叠的居住楼盘充斥的环境中,那些历史的和现代的社会公共设施和地标建筑仍是人们关注的要点。

自巴洛克以来的400年中属于社会公共场所的,大约都是那些为神而建造的地标。这些地标在工业化的过程中,伴随着多方的探索,已终于走向现代建筑。而社会就是在不断推进社会公共场所建设的发展中得到进步。人类数千年的建筑史从遗存的神庙、宫殿、城堡到现代的楼、堂、馆、所、文教体育公共设施等,是运用着与住居房屋完全不同的格局、结构和语汇进行建造。无论古代的宫殿、教堂、城垣还是现代化的公共建筑,都会拥有较大的尺度和较多的结构层次,这些尺度、层次都是和使用的规模、容量和技术含量相适应的。与此同时,这些建筑场和它所处的城市空间所表现的崇高或宏伟,自然而然地与常人原始亲切的住居气息渐行渐远(图8-6)。正如苏珊·朗格所说:"房屋无处不在……它或许庇护一个人或一百个家庭,但是伟大的建筑观念极少源自家庭需要。"

和音乐中的器乐相

图8-6 当建筑的思考离开小居面向社会集群,就使建筑的空间结构更丰富。器乐思考的发展也是这个方向[网络资料]

仿,在建筑符号和语言的体系中,也早就存在着一个浩如烟海而且历史久远的概念,就像音乐中的器乐那样具有独立的特征。在此,为了让它与那些纯供居住的小居并列,我们可称之为大厦,即上述"伟大的建筑"。大厦的观念极少源自家庭,而是来自社会的视野。

　　不同时代的大厦和器乐,都是为表达一个物质或精神的目标而形成的一个组织。它以前述"机械性"的方式生成。而在其创造中,更多地出现强化或再现的建构,以及一定的物质或时间规模的重复、模进、呼应、变化等种种编织形态(图8-7)。从时空序列的尺度和规模看,如果一曲歌声的时长以数十秒计,那么一首乐曲则常有数分或数十分钟之长。对于建筑来说,住居单元的空间规模常在10～20米以内,这是居家环境亲近便利的尺度。而用于各种功能的"大厦",则其规模可以从数十到数十万平方米不等。这动态的表现既来自音乐和建筑生成过程的物质性特点,也

图8-7　城市生活的群体集合,把建筑更多地引向复合化,也导致更强大的技术运用和物质冲击力[作者自摄]

成为音乐和建筑的功能表达和时空展现的形态特色。各种协奏曲、交响乐和歌剧的宏伟结构，就像充满着激情和高超工艺的巍峨大厦、辉煌空间和巨构那样，给人以丰富的体验和强烈的感受。通过复合性的结构和技术营造某种特定的张力和对比，是技术发达推动文化和艺术境界提升的表现。

建筑和音乐为完成它表达的功能，必然有一定的篇章和容量。建筑的规模、布局、构筑的扩展和音乐小品向歌剧、组曲、交响乐的提升，必然要运用重复、模仿、再现，在变化和发展中呼应主题，维护着整体感，同时也为激情的提升营造空间和集聚能量。音乐中乐章或组曲的配置，也好似大建筑的分区或是建筑群的分项，构成了宏伟整体下的完整协调。在文学中可以用文字描述一切，而在建筑和音乐中则完全是呈现如前所述的"建筑场的实体和音乐场的声波"，向人们传递着包含着动静和张弛的节奏、韵律的信息。既然这都是一些物质场的量的信息，就必然伴随着空间感、体量感和重量、冲击力，也包括音量。历史上诸多先贤所说的建筑和音乐的"数"的表现，其实也包含着上面所说的物质性的"量"的分配。这个"量"是功能、精神和情感的"量"，在极大程度上是表现在结构组织的信息量之中。这是建筑和音乐不同于其他艺术的重要方面。建筑和音乐的母题和动机，能够以其微小的片段的物质量触发极大的感动，这是在任何其他艺术中不可能发生的。因为建筑和音乐能够以这微小片段发展为整体的动人篇章，它的空间感、体量感和重量、感染力决定了建筑和音乐对人的征服力，所以它能使一座建筑或一篇乐章在时间的长河中历经世代，仍总能为人辨识和确认。

音乐的曲式和篇章，犹如建筑的形制和格局。当音乐为表达某种乐思时，就要运用一定的曲式。乐章的结构有如文章的逻辑"起—承—转—合"而形成如ABC／ABCD／ABCA，以及更多复合变化的奏鸣曲式、回旋曲式等。交响乐就是以此为基础，通过更加宏伟的时间序列过程，营造某种有更为深层的感染力的音乐。而对于建筑则是用同样的思维模式，通过一系列空间引导的过程,来形成一个有宏大物质功能的建筑场。

音乐,类似建筑,在主题动机和母题的引导下,编织成一个多层次的结构组合体。如果说音乐的主题动机和母题往往有较多的可感知性、识别性,也就是音乐的旋律性、歌唱性,那么在音乐全局的构成中,即在主题旋律的呈示、再现和发展推进中,往往会运用各种结构性编织和动力性表现。各种协奏曲、交响乐和歌剧的宏伟结构就像充满着激情和高超工艺的巍峨大厦、辉煌空间和巨构那样,给人以强烈的感受,通过复合性的结构和技术营造某种特定的张力和对比。这是在表现社会和群体性激情的力度时才会发生的。这也是为什么一部分作曲家可以写出美妙的小曲却不能涉足交响乐创作的原因。同样,虽然有些画家能设计一座美好的小宅,但是设计宏伟的大厦就必须由专业的建筑师来完成。

在建筑活动中更多技术手段的采用,音乐活动中结构、声部和器乐发展,都从物质上充实着建筑艺术和音乐艺术中的理性因素。建筑和音乐中的理性除了数学规则的引导之外,更为本质的也许应当还是物质运动和能量传递的规律所致。这些都是技术发达推动文化和艺术提升的表现。

音乐,是为了营造由音响和时间构成的精神空间,并以一脉相承的细节来实现意识和情感的传达。当音乐和建筑的"器乐""大厦",被用来表达较复杂或宏伟的主题和功能的时候,它们的建构和编织的规模的扩展提升,往往会出现在空间、体量和动态性方面较大的对比,或较强或极强大的冲击力,和更多的复合、集群式和机械性表现上。这就是建筑和音乐的非语义、非描绘体系和意境的存在特色。在不同的音乐中,人们也常会有类似的感觉:独吟与合唱、声乐与器乐、独奏与协奏、室内乐与交响乐等,都会有不同的尺度感、亲和力或冲击力。它们都来自建筑场和音乐场所特有的物质性力量,在现代世界中展现着与宏伟的建筑艺术交相辉映的美好场景。

音乐或歌曲,建筑或房屋,或称之为"乐曲或歌曲,大厦或小居(music or song, building or house)",这里好似并立着两对弟兄,各自对应地呈现着一系列从结构到篇章、形制和小大、轻重、简繁的对照。文学中也有诗歌或文章之别。但是,这种区别是不能与音乐与建筑中发生的对照相提并论的。虽然各种艺术的表达都存在和经历着从原始到超越、从单纯到复合的过程——这是在某些发展的过程中不断伴随着"有机性"或"构筑性"的对照,或是在情感和理性之间表现出消长、比重的问题——但说到底,在建筑和音乐之间物质性的力量使这二者的表现和对照更为显著、突出和具有通感。

从音乐的结构和表现来看,其中充满着序幕、呈示、发展、延伸、平铺、突起、过渡、高潮的变化,呈现的语汇中可以有各种重复、模仿、连接、变通等更为广阔的选择,而"歌"的元素在其中则成为一个个灵动的细胞。

柴可夫斯基《如歌的行板》,就是作曲家听到在宅前修理窗户的工匠吟唱的旋律而写成的。这是一首让托尔斯泰感动得泪流满面的旋律,人们只有身在亲近的庭院和家屋时,才能感受它们如歌般的优美动人。这首乐曲的主题旋律仅仅十几个音符:

这珍贵的旋律不会凭空出现,而只能来自某个特定的地域和历史文化土壤环境中。固然,大厦和城郭会引发人们的激情和向往,犹如交响乐和歌剧,但在广厦如林的城市机械性的宏伟中和在音乐的海洋中,当激情的交响乐落幕之余,对于建筑,"如歌"的表达就是构筑宜人的尺度和人性的和谐,自然的歌声最终还是被认为是最为宜人亲切的。在歌与城之间,在这建筑和音乐中的壮丽和优美之间,有着不胜枚举的建筑类型和音乐样式,可以引发人们多维的感受。它们之间有时也会擦碰出一些共鸣的火花,给人们更多遐想。我们对建筑和音乐从不同的形式和尺度上做了

这样一个对照，一个建筑场和音乐场的存在方式的对照，目的在于试图说明建筑和音乐在和人的关系上是一个什么样的状况。住居和歌唱之美应是最平易、贴心的方式，无论是建筑还是音乐，人们对经典和巨构的体验中无疑依然包含着对人的原生态节律的回味。虽然人们对于未来建筑和音乐的展望是无限的，但建筑和音乐的起源终归是通俗而亲切的歌与居。它们可以与人们永远相随——这就是扬州古巷同着《茉莉花》、乔家大院同着山西梆子留给我们的珍贵记忆。

回顾建筑和音乐的发展史和建筑师、作曲家的创作历程，在时代和时尚变迁的潮流之中，民居和民歌不仅作为传统情感和美的源泉，同时它们也会作为鲜活的生态元素不断为时代和时尚提供新的启示。民居、民歌不仅拥有相似的根系，也拥有相似的情态，民居和民歌亲近的结合点就是日常最为原生态的人。当今人们生活在一个信息空前丰富的世界里，在缤纷多彩的建筑和浩如烟海的音乐中，最使大多数人感到松弛亲近的还是家居和歌曲（图8-8）。于是，建筑和音乐会更多地被人们投以结构性和

图8-8　宋画描绘的家居小舍的亲近温馨气息，有如歌声的抚慰[网络资料]

专业性的关注,而居屋和歌唱则以其更贴近人身,呈现生态和生活以及更多自发的感性领域而受到欢迎。

从认识、学习、传播和身体力行的实践来看,居屋和歌唱也拥有更为广泛的受众。尤其当建筑和音乐在现代的专业领域所追求的潮流中前行时,住居和歌唱却未必紧随其后,而是人性地延续大众的传统习俗和品味,其人性化的尺度依然不会脱离大众的需求和趣味。如果说"建筑"和音乐可以树立永恒的纪念碑和谱成永世留存的交响巨制,但不争的事实是:对美宅的追求实是人之常情。伟大的音乐家永远不会忽视优美的歌声,永远会关注民间旋律流行的气息,流行的精品也可留存升华为传世的经典。在这方面,建筑的境遇也大体相似。

当我们从上述"小歌如居"和"大乐如厦"这两组关系上多了一些认知时,是否对建筑和音乐的关联又多了一份思考?

第九章
精铸音乐

当人类的祖先还只能建造歪斜的草棚时,悠扬的民歌"这山唱歌那山和"音乐就已经在旷野中飘荡。此时的"音乐厅"如中国春秋时代江南的伎乐铜房,就像是一个四面透气的亭子(图9-1)。在中国汉代的石刻和敦煌壁画中,人们在檐下神坛前舞乐。当现代人们用音乐抚慰和娱乐自己时,手中的洞箫、二胡、吉他和提琴,可以随心把音乐倾诉得比歌声更为动人。这时候的乐手可说是听到了自己奏乐的原声。那是一种和自己身心

图9-1 春秋时代的伎乐铜房,浙江博物馆藏,青铜,高14cm,房中塑有吹奏乐伎6人[作者自摄]

相连的音乐。而周围和远处的人会听到怎样的声音，就要取决于他们当时所处的空间和环境（图9-2）。

图9-2　敦煌壁画中的净土变，极乐世界的舞乐升平景象，经典的室外音乐空间［网络资料］

声音是怎样传播的？古人曾以为声音是随风而来的，到1660年才由英国科学家波意尔的实验证明，空气是以振动方式传播声音的重要媒介，水和固体也能传导声音。

早期的音乐演奏并不在意是在屋内还是在屋外，但为了在屋外表演，则必须发音洪亮。中国的锣鼓就是为了在露天开演而打造的。在古希腊的露天剧场，戏剧演员头戴带有话筒的面具。他们的剧场有数千观众，为了效果更好，古希腊剧场采用升起高陡的环形座席的形式，声音还可以由地面反射后再补充到观众席上去，以给观众送去更多的声波。两千年前的古罗马剧场虽然依旧没有屋顶，但已经有了富丽堂皇的舞台和围壁（图9-3）。

图9-3　建于公元155年的古罗马阿斯潘多思剧场，位于今土耳其安塔利亚 [作者自摄]

那时的剧场甚至还曾在观众席下面装着一排排陶制的大缸，大约是受到乐器共鸣腔的启发，建筑师以为这可以使声音得到加强和改善。古罗马建筑大师威特鲁威在他的著作《建筑十书》中专门论述了在剧场中如何安放陶缸来改善音响的办法。

随着科学和技术的不断发展，建筑和音乐的羽翼逐渐丰满了，使得人们可以在大房子里演奏室内乐和交响乐音乐。人们听到的音乐，其实是经歌唱演奏者的演绎，又经过特定的环境放送出来的。这个特定的环境可以是一个露天的街头或花园草坪，也可以是某个房间或演奏大厅，到现代还可能加上了电声扩音。由于实际发生的乐音"版本"会因它所处的声环境不同而不同，人们逐渐认识到一些好的厅堂可以使演奏更为动听，于是也日益重视建筑环境对音乐演奏的作用。16世纪，一些欧洲王公贵族的宫殿和厅堂成为音乐会的豪华场地,教堂的神坛前出现了多声部的合唱圣咏。1637年,威尼斯出现了真正的歌剧院,音乐在室内呈现了更丰富的音色和层次。尽管那些铜管乐、打击乐和那些苏格兰风笛、中国唢呐,在室外仍然有施展的天地,但室内音乐不断演变得更精致动人而更引人关注。音乐进入厅堂,就像金银融注入一个模子中,或可铸成一个金镯或银杯,不然虽然珍贵终也难成大器。人们大约已体验到了建筑厅堂的包容能让音乐变得更美。从"余音绕梁,三日不绝"也可见人们似乎已经感觉到声音和厅室有一些关系。音乐在厅堂内,建筑界面就成了音乐的"模"或镜子,能返照出美好丰满的音乐。音乐的所谓"原汁原味",其实并不唯一或并不存在。人们听到的音乐都是由某一个特定的演奏,在一个特定场所产生的。原汁原味的音乐或许只存在于作曲家或表演者内心。

　　人们早就知道在山谷中有美妙的回声,但这回声的拖沓和交杂并不总能美化音乐。从古罗马到中世纪的大教堂都有宏大而坚实的空间,也有如山谷那样强大的回响。虽然教堂的空间已作为唱诗班和管风琴表演的经典场所,能让声调平缓的圣咏显得浑厚悠扬,但它的声学环境并不能满足各种音乐的演奏需要。可以设想,如果是欢快跳跃的民间舞曲在教堂中奏响,不要说它和宗教气息相悖,就在听觉上也一定是嘈杂不清,很多节奏和音色都会被过长的混响搅成一团。在欧洲中世纪的漫长年代里,那些吹拉弹拨的民间乐器之所以被禁止在教堂演奏,可能就有这方面的原因。那时还没出现物理学和声学,或也可以说,在那个时代建筑技术的发展,恰也有幸和宗教神灵的庄严迟缓达到了某种契合。在东方的佛堂里,僧人们伴着木鱼敲击声的吟唱,都是拉长着声调,可见东方和西方世界的神灵大约都有这类似的偏好。

　　器乐是在民间娱乐或是给歌剧、芭蕾作伴奏中,日益发展成熟的。但直到巴洛克时代才有了可以在教堂演奏的器乐音乐,如亨德尔所作的《唤起小号高傲之声》。我们可以听到乐曲中有小号、铜管和鼓声的雄伟亮丽表现,完全脱离了传统宗教圣咏那种拖沓的气息,使乐曲的音响可以和教堂的混响空间相适应。巴洛克时代的教堂音乐有礼拜仪式前后的序乐和殿乐,还有婚礼音乐、庆典音乐和安魂曲等。按宗教的要求,乐曲应该雄厚而庄严,不要震撼式,而是要求有宗教的渗透性和共振之力。巴赫不仅是巴洛克时代伟大的作曲家、演奏家,他还善于在演奏中安排乐师的位置,善于分辨建筑物和剧院在聆听方面的优缺点,对于音乐在建筑空间中的声学运用,也有丰富的技巧。1729年《马太受难曲》在莱比锡圣托马斯教堂初演时,巴赫受到教堂内建筑形状的启发,利用教堂里的左右两台管风琴并在两侧廊台都安排合唱和乐队,这种音乐在正殿左右交相呼应的"立体声",被誉为是巴洛克时代的出色创造。图9-4示奥地利萨尔斯堡大教堂中多台管风琴立体声布局。

图9-4   奥地利萨尔斯堡大教堂中多台管风琴立体声布局[作者自摄]

17世纪后欧洲社会思想文化的发展变化,使音乐家和作曲家从教会和宫廷的管制下走向社会。音乐家的地位得到提高,开始享有更多的社会声誉。伴随着器乐音乐的蓬勃发展,人们对于音乐在建筑室内演奏的经验日益积累,音乐演奏在厅堂里逐渐有了更为主动合理的安排,音乐厅建设也日益发展起来,公众音乐会日益兴起。史上第一个专为音乐会而建的演奏室于1675年建成于伦敦维莱斯大街,世界上现存最古老的音乐厅是牛津大学的霍利威尔音乐厅。(38) 18世纪下半叶,在英、德、奥等国先后建起了一些公共音乐厅,其中有几座还和巴赫家族的后代或与海顿的名字密切相关。

　　19世纪,在维也纳金色大厅中的古典音乐的演奏会获得普遍的赞扬。此后人们才知道,这是因为在这样长方形的后来被称为"鞋盒式"的大厅中,声音可以得到最均匀有效的传播,而且是大厅的建筑雕饰对声音的反射和混响造成了不可思议的美感。于是,"鞋盒"就成为20世纪前期音乐厅建筑空间的基本选型(图9-5)。同时,源于贵族客厅的小型音乐合

图9-5　著名的"鞋盒式"音乐厅——维也纳金色大厅［网络资料］

奏，此时发展为一种极其优雅的小型演奏形式，演奏场所可以是环境合适的厅堂或专设的小型音乐厅。许多东方民间音乐也都有类似的音乐表演形式，在其表演的庭院中，梁柱、亭台、墙垣、树石都别有意境。这仍是一种非常原生态的音乐活动，当乐声响起，人们就同时在感受聆听音乐的环境，因此要求音乐和建筑的完美协调。

音乐厅对音乐声音的作用，基本上是取决于厅堂室内各个不同表面对声音的反射和吸收。人们从使用、选择场所和布置、改变场所来得到更好的听闻环境。这些都来自科学认识的不断进步。

建筑师和物理学家从几何分析开始，进一步通过数学分析和物理实验的探索，开始认识到人耳听闻的生理机制和得到了建筑的声场分布、混响时间等声学指标。1895年，德国科学家冯·亥姆霍兹发表《音调的感觉》，为现代听觉科学研究开了先河。至1898年，美国物理学家塞宾的混响计算理论在新建的波士顿交响乐厅中获得成功而被确立，从而对厅堂音质的研究进一步扩展到声音的响度和丰满、清晰和真切等方面。无疑，上述的声学研究的发展，是和音乐的发展息息相关的。从此，人们知道了如果要能听清语言的字句，房间的混响时间大约应在1秒以下；如果要让音乐声音丰满，音乐厅的混响时间大约要接近2秒；而室内乐和歌舞、戏曲的要求可在这两者之间选择。于是，建筑师和声学专家据此可以为各种不同的用途设计专用的演出厅，也可以根据可能的目标采用各种技术方法来进行设计改进。

17～18世纪，包括钢琴—小提琴和多种管乐器的性能发展成熟，音乐家演奏技巧不断丰富和突破。19～20世纪之交，欧美古典音乐极盛，并向现代风格演变。从巴洛克到古典各时期浪漫乐派，不同风格的音乐家、不同规模的演奏和乐器组合、交响乐、室内乐、独奏、重奏等纷纷出现。20世纪，现代音乐更以新颖的配器和创新的音响音色为追求，音乐厅的设计和建造有了新的机遇和挑战。

与高贵的歌剧演出相比，音乐会是西方社会大众化的公共观演活动，所以新建的音乐厅在世界各大都市出现，并不断有所创新。20世纪世界剧场建筑多样化发展，音乐厅也出现了如扇形、椭圆形等各种不同的空间形式。20世纪下半叶出现的围绕式布局的形式，如柏林爱乐音乐厅也称为"葡萄园式"音乐厅（图9-6），也在世界各国出现。新近建成的汉堡易北爱乐乐厅，也是这样的空间格局。

图9-6　1956年建成的葡萄园式的柏林爱乐音乐厅［网络资料］

　　为了在更多的演出场所开音乐会，20世纪一些剧场和歌剧院的舞台上配备了供音乐演奏的音乐反射罩，可以使乐队的声音尽可能充分均匀地分布到观众席上，以避免通常剧场大舞台的上空和后台的多余空间可能产生的音响损失。

　　20世纪的科学技术发展成果使室内声学大大推进，科学家和建筑师可以通过计算、绘图、实体模型和电脑软件来分析设计演播厅、音乐厅，并

且可以在建筑落成后找到调整、改善音质的方法（图9-7）。室内声学发

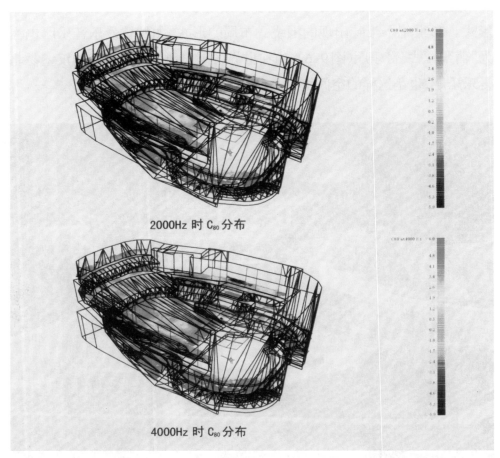

2000Hz 时 C₈₀ 分布

4000Hz 时 C₈₀ 分布

图9-7　音乐厅设计过程中，用电脑作不同频率声音分布的分析图例［来自作者设计项目］

展，也包括各种材料和声学构造在声音的反射或吸收以及扩散、混响方面
的应用。声学材料的合理分布不仅要根据严密的科学分析，也要满足视
觉的协调美观。

　　对音乐厅的评价可以用许多科学数据，但仍不能离开人们的直接听
觉，也就是对音乐现场的主观知觉。美国声学家白瑞纳克等提出的如明
晰、丰满、温暖、整体、活跃、亲切感、围绕感与音乐声部频率和层次的均衡
完整、音色的理想传达等这些感受，都是在音乐从乡野、街市走进建筑继

而登堂入室的漫长过程中逐渐被人们认识的。音乐家也是不断在室内和厅堂的体验中,才逐渐使音乐在建筑空间的笼罩下收到更好的音响效果,无论歌咏、独奏、室内乐还是交响乐都不例外。虽然也有为了享受户外的自然环境和气氛而在室外使用露天音乐台来举行音乐会的实例,但若要取得较好的音响效果和安排更多的听众,就需要在台上加设音乐反射罩,或辅以先进的电子扩音设备。

音乐理念的运用在音乐厅和剧场设计中也是一个有趣的课题(图9-8、9-9)。音乐的观演空间是一个集表演、观赏、音响、装饰和声、光、机电技

图9-8　杭州东坡剧院,演艺空间中听觉与视觉协调一体的韵律[作者设计、摄影]

图9-9　浙江音乐厅,一座小型的多功能音乐厅[作者设计、摄影]

术汇合的空间。建筑师在声学专家的协助下,运用一定尺度的几何体型来塑造空间;在空间不同的位置选择布置不同的材料,用来反射、扩散、加强好的声音,吸收、减弱不利的声音,以形成良好的声音混响和声场分布。观众席的区块分布不仅要很好地安排视线和听音,也要塑造视觉上美好的空间感。尤其是观众厅的侧墙面,它是声学上提供富有围绕感、丰满音色的重要的反射、扩散界面,又是观众厅建筑空间最具表现力的部位。在剧场观众厅的设计中着意运用一些可以表现音乐的节奏韵律的块面和形体来处理侧墙的雕塑感,可使演艺空间的造型的视觉因素在声环境特性和音乐联想上形成一种内在的呼应,通过这种协调感来达到建筑和音乐整体的美。

虽然电子技术也有力地帮助了音乐,而且以电子方法创造了许多新颖的音色、音响和演奏样式,但是各种多媒体的音乐效果仍不能代替乐器与建筑共同生成的自然原音。现在如果要再现那些原生态的天籁之声,也必须有良好的室内演播建筑环境。人类走进21世纪,电子技术为音乐的发展开辟了全新的前景,电子扩声的高保真、立体声、多声道、环绕声技术和人工混响技术等不断发展,已经让世界进入电脑和数字MIDI时代,但人们的音乐场所还是和建筑空间密切相关。

第十章
互动比肩

　　建筑是没有生命的几何体,它默默无语,似动而非动。但是当建筑中注入了人的生命和运动的意义,它就会变得生机勃发,就容易被理解。只有包容着人的生命和运动,建筑才能成为活的艺术。同样地,建筑如果没有光的照射,其形象就会显得单调而沉闷,而一旦阳光明媚,建筑就会变得那么富有表现力,即使射入室内一束阳光,也会让空间传递给人们无限的激励和生气。在对建筑的思考中,音乐就是这样激发人思维活力的缕缕阳光。在建筑思考和探求的过程中,音乐不期而至的照射会使人们心灵闪光,或能让人们看到视野中原来没有显示的一个方向、一个见解,那可能是一种心境、诗句,或是一个新的维度和理念。

　　在音乐的体验中,总是伴随着对建筑、环境和自然感受的想象。这种想象的发生和积累,丰富着我们的知觉,并向诗意的情感延伸,为思维驰骋贮存了能量。作为建筑师,当心境融汇在乐语之中,就好像沐浴在阳光下,可使思路活跃,释放更多的灵感来捕获机遇,通过介入音乐的尝试来拓展思维,谋求超越。当面对某一项特定背景的建筑课题,建筑师也会如音乐家采风那样,从采集与课题相关的环境人文资料、研究前人的足迹来开始着手工作。而这过程中若有音乐相随,则可以从总体或细节、源流或技术、风俗或景象等方面扩展、联想和互动。

建筑思维中的音乐启示也不是一定表现在全局构想上，有时它只是对照在一个局部或侧面上，比如某一乐思的形式和变化会提示在某一个系统中如何适度地推动思维的发展，使在轻重横斜之间或以织体切变来寻求更多选择。乐曲和多种样式可以对照建筑的某些界面，让你感到可能会有多种可关联的分解、编织方式。在音乐的心境中，我们会在心象中感受到比物象或图片更多的东西。在音乐的风格比较中，我们即便平行地与建筑进行样式风格的类比，由于音乐海洋的激浪纷繁，一定因时因人而异，会有多种感受，甚至对同样的乐声也会有多种交错的心象的反射，这样我们体验的心象也会是各异的境界。建筑的图形文件只能给我们提供直观的二维或是三维感觉的信息，而音乐文件能给我们那种多维而模糊的，或者说是某种幻象的提示。这时，我们才或许能超越图形的束缚而寻得突破。美国学者阿恩海姆说："我希望献身建筑的人不要抱怨我把空间与其他视觉艺术以及音乐做了比较。一个人如果不去看看邻居花园里的东西，他永远也不能懂得自己的土地。"[24]

1436年，意大利布鲁涅斯基（Filippo Brunelleschi）设计建成了佛罗伦萨百花大教堂，而这座大教堂开堂典礼所用的乐曲，就是一部受到这座大教堂建筑的启示而创作的音乐作品（图10-1）。后来的几

图10-1 佛罗伦萨百花大教堂建造和典礼中建筑和音乐的交集，包含着流传了几百年的故事[作者自摄]

百年间,对于佛罗伦萨百花大教堂建造和典礼中建筑和音乐的交集,人们从不同角度给予关注和研究,涉及乐曲和教堂建筑的结构、空间、时间和数字比例等,继而述为著名的故事而流传。[6]

现代瑞典建筑师里伯斯金是在20世纪音乐家勋伯格的歌剧《摩西与亚仑》的启示下构思设计了柏林犹太人博物馆。这是一对充满抽象意味的建筑和音乐作品,博物馆建筑的形体和面貌表现了痛苦、扭曲、创伤的情态。建筑的强烈转折,锐利的棱角和细部表现,切割的线型如刀痕凌厉,充满震撼人心的冲突和戏剧性效果(图10-2、10-3)。电影《辛德勒名单》中的主题音乐(二维码:辛德勒名单音乐)——帕尔曼演奏的小提琴旋律在阴郁的小调色彩中,以五度、六度甚至七度音程反复地上下扭折的音型,恰似这座博物馆表现的痛苦、控诉和暴力、挣扎的图像。

图10-2 柏林犹太人博物馆,透过"切破"看见伤痕累累的建筑躯体;远处是早年的旧馆[作者自摄]

图10-3 柏林犹太人博物馆总体,扩建部分的扭曲图形[作者自摄]

辛德勒名单音乐
40s

斯特拉文斯基说：音乐是"一个充满幻想，毫无真实性"的事情。20世纪最伟大的音乐家如此评说音乐，听起来十分偏激。但是不错，这个说法的实质是在强调想象对感受作用的无边无际的随机性。有丰富的联想，才是欣赏音乐的极好状态，联想和通感不一定要依赖深厚的专业理论和音乐知识。感受和体验建筑其实也是一样。我们的思绪游弋这些场景的直觉之间，联想在引导着我们的思维和感受。

阿恩海姆在《建筑形式的视觉动力》中提到一个曾受到文丘里等人赞许的例子，就是18世纪建于巴黎的马提侬宫邸（Hotel de Matignon）。它的平面布局通过一个过渡的厅衔接了轴线相互错位的庭院和前厅。这两个对称结构结合在这样一个方厅两端，其中的一翼成了另一翼的中轴线（图10-4）。

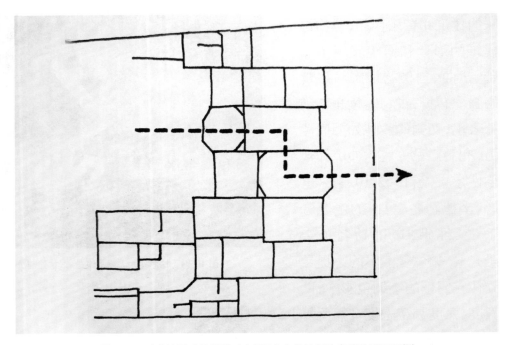

图10-4 《建筑形式的视觉动力》原书中的马提侬宫邸的平面图[24]

作者接着说，建筑上应用的这个设计不禁使我们想起音乐作曲中的

"等音转换"处置,"不知不觉地"把某些音作为桥梁,在两个调性表现中履行不同的作用而完成了调性的过渡。作者以让·马里耶·勒克莱尔(1697—1764)一段小提琴协奏曲为例,指出其中由一个 B♭音随后转记为一个 A#音,它在乐曲的前半句和后半句承担了由同一个音高在不同调性转变中的衔接功能(见以下乐谱中箭符所指,这两个音名实际为同一音高)。

阿恩海姆把这种音乐和建筑中出现的时空过渡情景描述为:"在过渡的时刻,依据作者的性情会产生轻微的晕眩、冷淡或振奋的感觉,因为暂时失去了原参照系。"而在观者穿过马提侬宫邸的时候,他是从原来的轴线结构转移到一个替代轴线结构中,也有一种"与前述音乐时非常相似的体验,包括令人迷惑的过渡阶段"(24)。

这个例子仅仅是建筑与音乐表现中无数可能的关联形态之一。在音乐中用"等音转换"衔接前后不同的调性,是一种经常采用的方式。在视频二维码等音转换中还有一个示例,就是赵元任先生的《教我如何不想她》。读者可以在一个比较通俗的旋律中感受一下等音转调瞬间那美妙的色彩空间。

等音转换
1'01s

对比建筑某种等音转换的类似情况,在建筑不同高度的空间错落和平台的转接中同样也会出现,或许还有更为精彩的空间体验。应当指出的是,这个示例是把音乐中的声和调性问题与建筑中的轴线的空间设置问题建立一个关联,需要我们在音乐调性概念和空间的导向上认知和理解。

从不同的角度看,有人可能会认为建筑大体是固定而笨重的艺术,而文学、音乐等领域的灵感会比建筑艺术更加轻巧和透明。可以说,这是基于一种置建筑为"物质性"和文艺为"非物质性"进行对比的看法。但音乐的"非物质性"，其实是强调音乐"轻"的一面。建筑师也可以用一种金属纤维编织的网状材料作为建筑的元素，来构成建筑的墙面、地板和顶棚，使建筑显得新奇而飘逸。建筑和音乐之间所谓迟缓而笨重与轻巧而透明的看法，实质也是对物质和艺术表现的联想的一个侧面。其实，在音乐中也有相对缓慢、笨重的音响，如鼓声和一些低音，这和我们从总体上认为建筑和音乐属于物质性符号并无矛盾。

通过以上关于物质性和轻重的思考，在艺术家和建筑师的内心就可以有目标地建立自己对于思维和联觉的对照组，从结构、空间、节奏、调性、旋律、织体或时代和地域的维度进行对照。有了这些对照组，联想和互动的思维就可以展开了。

笔者作为爱乐的建筑师，在若干年间思考的经历中，的确常有音乐伴随左右，自己和建筑、音乐在如影随形之间发生一些映照已成常态。这些思考不仅丰富着我自己日常的知觉，也时而在某一个山重水复的瞬间让眼前闪现出多彩之光。建在浙江杭州和山东济南的两座省级公共图书馆，就呈现着这样两个不同的音乐背景。

浙江图书馆在江南风景名城杭州，与西湖一山之隔，坐落在保俶山北麓（图10-5）。浙江图书馆是一个结合风景区和地域环境的命题。对于这

图 10-5　杭州保俶山北麓的浙江图书馆[作者设计、摄影]

个大型公共建筑,它的规模和空间不能像传统亭台楼阁那样小巧玲珑,而是需要用变通的大笔墨来表现江南传统建筑那样轻盈的线型。在水平铺开的建筑形体上下,建筑轮廓中曲线的穿插和保俶山的形体轮廓组成一种多重旋律,有如复调音乐式的错落而对位的层次感。从线型上看,中国江南民族古文化传统中有飞鸟的文化图腾,也使人联想到飞鸟的动线和江浙方言鸟语般的声调,这都和江南丝竹音乐的纤薄、婉转的乐音产生一些互通的联想。作为建筑符号,这多重线形正包含着一系列简化的飘动的中华传统屋顶的凹曲线型。为了呈现它的轻盈和细腻,主体前厅的脊顶用金属管编织成一个银色镂雕(图10-6),作为一个独立艺术品而成为

图 10-6　浙江图书馆近景,以极简的凹曲线型与镂空脊饰的组合[作者自摄]

建筑物不可缺少的标志件。它来自江南传统屋顶随处可见的屋脊或翼角的透空瓦饰(图10-7),但在风格上表现了新的意味,现代材料和简洁的建筑风格的曲线形成一种编织特色,在江南丝竹管弦、现代科学图像和生态阳光的理念之间建

图 10-7　杭州平湖秋月,江南建筑特色的经典的凹曲线型和镂空脊饰[作者自摄]

立了某种心象的联系。这种"线"式的动感，正是人们对中国江南传统造型
艺术特色的共同感受(图10-8)。

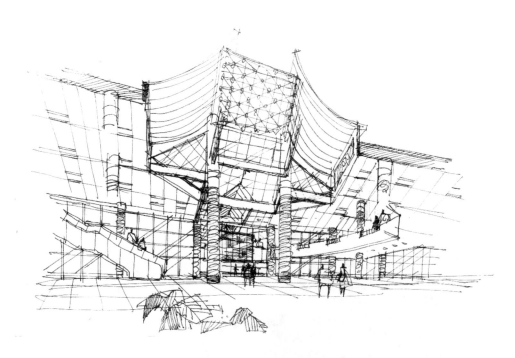

图10-8　浙江图书馆内部[作者设计草图、摄影]

　　山东省图书馆，让建筑师面对一个和浙江图书馆完全不同的地域背
景——以新石器时代6000年玉文化渊源为先，立足中华孔孟文化传统深
厚之地。建筑强化了山东的传统风俗的阳刚特色，再现了从济南历下隋

代四门塔(图 10-9)到近现代山东石筑的粗犷传统,既以厚实体量的雕塑性力度表现一种齐鲁地域特色的纪念碑风格,也使建筑透出更厚重的文化气息和深沉的历史音响。建筑面貌关联着两千年传统的孔子乐舞,有着浩荡阳刚的音乐气氛(图 10-10)。

图 10-9　济南历下四门塔(公元 611 年)[作者自摄]

图 10-10　山东省图书馆[作者设计、摄影]

春秋时代的曲阜孔府礼乐,它的音响源自远古的钟、磬、柷、簴的辉煌、铿锵之声。在对孔孟时代礼乐场景的描述和体验中,可以感受到齐鲁文化传统的庄重大气和令人震撼的视觉冲击。无论在形象和乐语方面,都与江南丝竹形成了鲜明的对照(二维码:江南丝竹孔府礼乐)。

江南丝竹
孔府礼乐
32s

在另一项设计中，我们的设计团队曾有一次值得记述的实验。西湖文化广场（图10-11）是一项大型城市地标项目。在总体设计进行的某一

图 10-11　西湖文化广场主体建筑［作者设计、摄影］

阶段中，我们感到广场格局未能到达到预期的境界。如何使它的图形和空间更有活力和现代感，又能和广场建筑规划的格局相协调？对于这偏于规则过于庄重和古典的原有图形，我们设计团队希望能寻求更有说服力的解决方法。在反复的图形探索中，我们有幸求助了音乐之神——先听了经典而壮丽的贝多芬，把手头这略感传统的广场图式和古典的贝多芬形成了一个对照组。在这之后，又从曲库中找出了格什温的《蓝色狂想曲》（二维码：格什温—蓝色狂想曲）等作为引导。我们居然在那充满动感

格什温—蓝
色狂想曲
1′22s

和豪迈飞扬而富有牵引力的声音中,触摸到了我们梦中的线型。脑洞大开后的感想是,如果没有音乐的启示,我们也许要在草图和电脑前摸索得更久一些。西湖文化广场渐开线式的总体规划图式,示于图10-12。

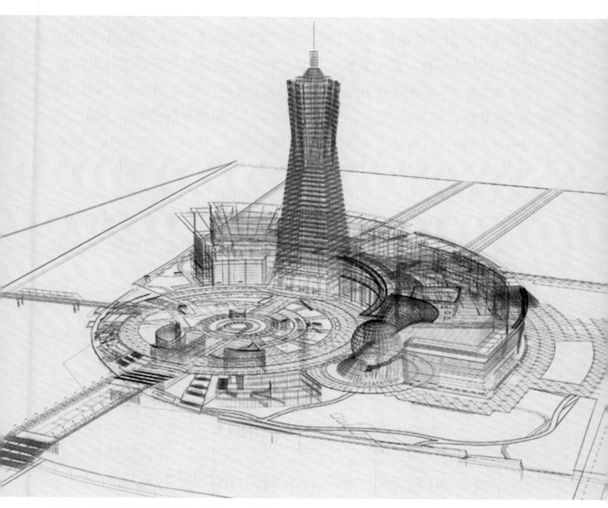

图10-12　西湖文化广场渐开线式的总体规划图式,与京杭大运河弯道的城市环境协调呼应［来自设计项目资料］

　　此类实验也许并非万能,但音乐的启示的确时常可以发生。可以设想,如果比较研究一下冼星海的《黄河大合唱》和殷承宗的钢琴协奏曲《黄河》二者在风格、结构上的异同和发展,似乎也可以在建筑和音乐的联想中帮助我们思考某些类似的问题:面对一个相关主题的博物馆建筑设计,这样两部不同的"黄河"音乐,会把建筑师的心象引到怎样不同的构思中去?

　　如果只是把建筑图形和五线谱页面作直观的对照,那仅是一个表象,仅是设计造型和乐谱排列的图形关联,因为五线谱只是一个图表式的标注,而丰富的是直接感受音乐和建筑的物质表现。只有音乐家可以用他专业的"内耳"直接感受五线谱,就像建筑师可以从蓝图预想空间的感受。虽也可以把五线谱、总谱图形和建筑布局、规划布局的图形之间作模仿和对照,但这其实还没有涉及乐音本质的作用。图形之间的联想,远不及跨维度的直觉那样多彩和宽广,那样活跃。20世纪以来的现代、后现代音乐,已经创造了各种新的记谱,用以应对新的音乐天地。"音乐照射"的激发尽管那样模糊,如幻影般不可言状,但它在幻影的飘忽中给我们提供了丰富的选择空间。最重要的是,这种种幻影是可比较、可选择、可凝固的(图10-13)。

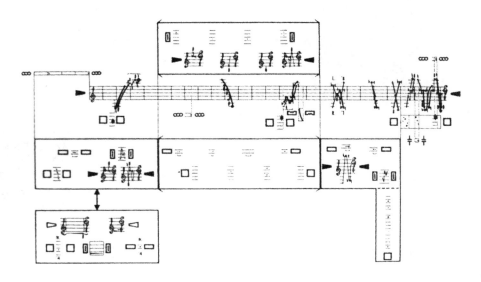

图10-13　20世纪音乐——施托克豪森作品《循环》的乐谱

又如江苏常州恐龙博物馆(图10-14、10-15)。在恐龙馆构思的初期，笔者的身心被侏罗纪的种种史前的幻景所激动，未顾及音乐，但好似"于

图 10-14　常州恐龙馆[作者设计、摄影]

图 10-15　恐龙馆模型[作者设计、摄影]

无声处听惊雷",或也有如康定斯基所说的"内在声音",好似某种强烈的内心音响。而任务紧迫,几乎是在越洋的航班中拿出了最初的草图。而当事后,拉赫马尼诺夫的交响诗《岩石》,才还了我侏罗纪时代种种心象和生态的乐音,那如入无人之境的巨石和乌云、水流和阳光,种种朦胧的运动,恰好可作为当前恐龙园的伴音。类似景色的声像也可以在德彪西的不少乐曲中感受到,甚至在霍尔斯特的《行星组曲》的"战神、火星"中更能感受到类似的巨大威慑和自然力量的不可抗拒。它们各有意味。《岩石》给人以抹不去的感动,引发了美好的建筑的音乐心境。在常州恐龙博物馆这里,是音乐补足了对建筑理念和场景的认识。

绍兴图书馆,前庭架空的建筑上部升起四个柱与坡组合的造型,其形象取材自绍兴出土的春秋时代"伎乐铜房",如于无声处笙琴四起。在实施中,坡面以钢片结成网状,不仅使雨水可以从坡内的平屋面排走,同时使坡面造型简洁,纹饰更为清晰。纹饰图形以1010……成网,是信息时代的表达,又不失青铜古韵。绍兴图书馆坐落于城区文化地带。在满目新、旧粉墙黛瓦的水乡城市中,春秋铜房的再现使人们重识了远古的异样传统。对比音乐,绍兴图书馆在总体的构成中,细部有如它的不可分割的动机、变奏和织体,也有如使演艺中出神的指尖和眉目。无论对音乐还是建筑,这些细部设计都是精神、情感和逻辑的体现。

剧场和音乐厅设计,更不容置疑有音乐元素的介入。声的反射和扩散与空间界面构成了二者固有的本质联系,而音乐与心象的融合必然会引发空间理念的飞跃。杭州东坡剧院是一座有伸出式舞台的多功能剧场,浙江音乐厅则采用可后移的台口实行厢形舞台和开放式交响乐台的转换。对于多功能演艺空间设计,"乐感"的引入更有助于建立模糊的可切变性的动态空间。此时,建筑供奉了音乐,而音乐也回馈于建筑。

在生活中,音乐时时伴随着我们。虽然有时我们只是漫不经心地聆听着音乐,但也时常有新的发现。音乐的世界是那样的浩瀚无边,除了不同时代不同民族的歌曲、声乐,在音乐世界中仅欧洲近二三百年的作品就是我们取之不尽的营养宝库：它们的结构、旋律、和声、节奏、织体的运用，音色、配器和种种创新的形式，等等。音乐和建筑一样，人们也可以局部地、片断地感受享用它，也可以局部地、片断地进行某种引用和对照。但这种对照需要一定的基础，就是对建筑和音乐在风格和历史背景方面有所了解。这是需要逐步地学习并有一定的积累才能做到的。当然，建筑美和音乐美的碰撞还是有一定的偶发性，这也是一个有待心理学研究的问题。音乐给建筑的启示，还在于音乐的通体透明和它的细节与总体的不可分割性。音乐是绝对透明的艺术，而建筑大体还不能完全这样。历史上能够如此的，如一座架构清晰的中国式木作楼宇、一座表里如一的石筑哥特式圣殿。在这样的传统中，它的内外结构、和声和织体展现无遗。它们的建构表现了从艺术语言到结构逻辑的一致的真实感。对于建筑师来说，绝对透明的音乐不仅是一种身手，也是一种建构的哲学境界。真实而清澈本应是建筑追求的理想品格，建筑当以音乐为鉴。

代后语
本土·多维·乐语心境

　　说明：此文发表于《世界建筑》2004年7月刊，在多方面的鼓励下，此文随即成为后来工作的开端。15年过去了，今对原文中的字词句作校订后，把此文作为本书的结语。

　　是音乐时常引我更多地思考本土与个性的问题。试想，音乐若没有自我的语言，则可能仅成为一种摹仿和改编，这在时下的流行音乐中已是一种"常态"。我想，这对建筑是一个提醒。漫游在音乐长河中，我们可以体验到自语者在本土与个性间的心路。从贝多芬、李斯特到肖邦、柴可夫斯基，从格里格、西贝柳斯到鲍罗丁、斯美塔那，从巴托克、格什温到冼星海、何占豪，音乐的形象和抽象，与建筑的沟通是无穷的。

　　综览艺术门类的比较思维，样式迥异而内涵如此惟妙惟肖，表现又如此卓著的，莫过于"音乐—建筑"。所谓比较和联想，其内涵不仅是常言的数比、韵律、抑扬等等，也不仅是常见的音乐图解或景观配乐。此间浮现的印象还会有：布局、母题、肌理，或构成、动机、织体，以及色彩、光亮、层次、质感、动感、力度、重量感；应特别指出的还有：空间感、围绕感、笼罩感，以及由此而产生的视（听）知觉场中律动对人体机能频率的干涉和响应，其中也伴随着风格的对比和变换。甚至那些似乎是音乐中专有的艺术现象，如呈示、再现、模进、对位、和声配器，以及调性的显现、迁移与消失、协和与不协和音，甚至噪声在乐曲中的出现等，都会和建筑语言发生种种的感应,这里自然也包含着情绪表现。正如音乐学中所说的"联觉",在建筑的一池水中,可以映射出音乐无穷的变奏,甚至建筑学中那种人本、平实、求真的理念,也会由音乐的情态而表现得淋漓尽致。

　　但是音乐就是音乐,它仅仅构成自身,而不去直白摹拟其他。建筑也是这样。所以应当说,人们越来越认同百多年前谢林所言——"建筑是凝固的音乐。"

　　之所以要这样谈音乐,还因为建筑与音乐的交流是发生在三维和多维之间。如果我们被限定在三维的思考中,尚可以把建筑与音乐看成两株毗邻的大树,其枝叶交织,以致难辨其脉络的归属。而从历史和潮流方面来看建筑和音乐似乎曾平行地演进,由中世纪、文艺复兴、巴洛克、古典,到现代、后现代。但论心象的体验,建筑与音乐的艺术元素却是在另一种交叉、致密的超维度的撞击中,迸发出缤纷的火花,呈现为一种跨越潮流的、随机和无边际的多元性,其中的交流和联觉是何等丰富。这里"联觉"一词是多么传神,因为联觉甚至不容思考。正是如此超然多元的参照系启示我用这种多元的视角来观察建筑,审视自己。正是音乐的催化使这种参照脱离了形而上,使想象进入一种抽象升华的境界。若用话语来表述,这无形的音乐和无声的建筑又将和一堆文学的字眼纠缠在一起,如恢宏、严肃,均衡、冲突,静谧、亲切,轻快、明朗,含蓄、典雅,激越、伟岸,阴沉、怪诞等等。然而,每每的心象其实是无以言状,其中很多感应往往不是寻常建筑之间三维的神似,而是那种超维度的心神响应,只不过平时人们只能借用几何的图式来加以表述而已。对此最著名的例子,就是梁思成先生曾有一幅图,把北京天宁寺塔立面和五线谱竖立加以对照。这可誉为早年中国建筑师学习音乐—建筑联想的启蒙教材。

　　至于文学的语词,它作为一种提示也参与扩展了建筑与音乐之间的交流。我相信这样的提示和沟通,也时常在为建筑创作指向和点评。用音乐的多元内涵来比照建筑,显然扩大了对本土、采风、根和外来文化的解像力(resolving power)。它的意义不仅在于提炼语汇,也启发创作者在内心的选择，比如在风格方面，这究竟是泛东方的还是中国语汇的真切转化，或进而在中国视野中进一步认识乡土、场所的定位。我有过一种难忘的体验，就是音乐背景的变换曾助我从建构的困惑中跃出。比如，这种对照组的选择发生在贝多芬、李斯特、格什温之间，或在黄河大合唱和钢琴协奏曲《黄河》之间等。难道不是吗？在音乐中有那层出不穷的多元的语言滋养，以有限的字符音序结构可表达极为多彩、鲜明的情感、地域、时代特色，同时其间闪耀着创作者的创作个性。

音乐在它传播的过程中经历千百次淘炼，不断成熟而走向圣洁，因而才拥有了无可比拟的精神功能。这些都是建筑应不断向音乐借鉴的。在经典和超越之间或观其雅俗文野之度，建筑和音乐将永远携手。因此，面对建筑的命题，若常把自己放在乐语的气氛中，不论观察或实践，不论是在过程或结果中，某些共振会不期而至。

浙江图书馆，在杭州保俶山北麓的背景下，功能十足的建筑形体上方采用极简的凹曲面片断进行切变组合，有如乐曲中旋律与非旋律的组接，总体轮廓可见江南水乡的柔雅、飘逸，而起叠的建筑轮廓与山形曲线在画面中呈现如复调音乐的交织应答。同时，山体又如深沉的和声，衬托着富有纵深感的中轴线空间上下那些明亮而变异的线型组合，这种感觉似乎也可在巴托克的小提琴协奏曲中得到一些印证。上述种种描述已呈示了那种在超维度心象中的多方位视角或多元的联觉。在得天独厚的风景区环境中，由于规划严格限高，浙江图书馆主体建筑用一个醒目的中轴线脊尖，在其简约的轮廓内以金属管和环件构成一个精致镂空的脊饰图形，表现出非江南莫属的地域信息和文化纪念性。脊饰细部可读作点、线、叶、露——科技、生态和光芒；建筑正面的60片石刻竹简则以密集的节律展示中国文化的丰厚。建筑构成在总体上交响式地融入环境，而在形象上尝试以不同的视角超越俗成的建筑语言。

与山东省图书馆相比，浙江图书馆多呈纤维质线型，有如江南丝竹，而山东省图书馆则表现石筑的阳刚，更近于齐鲁仪典的钟磬鼓乐。

绍兴图书馆，前庭架空的建筑上部升起四个柱与坡组合的造型，其形象取材自绍兴出土的春秋时代"伎乐铜房"，如于无声处笙琴四起。在实施中，坡面以钢片结成网状，不仅使雨水可以从坡内的平屋面排走，同时使坡面造型简洁，纹饰更为清晰。纹饰图形以1010……成网，是信息时代的表达，又不失青铜古韵。绍兴图书馆坐落于城区文化地带。在满目新、旧粉墙黛瓦的水乡城市中，春秋铜房的再现使人们重识了远古的异样传统。对比音乐，绍兴图书馆在总体的构成中，细部有如它的不可分割的动机、变奏和织体，也有如使演艺中出神的指尖和眉目。无论对音乐还是建筑，这些细部设计都是精神、情感和逻辑的体现。

剧场和音乐厅设计，更不容置疑有音乐元素的介入。声的反射和扩散与空间界面构成了二者固有的本质联系，而音乐与心象的融合必然会引发空间理念的飞跃。杭州东坡剧院是一座有伸出式舞台的多功能剧场，浙江音乐厅则采用可后移的台口实行厢形舞台和开放式交响乐台的转换。对于多功能演艺空间设计，"乐感"的引入更有助于建立模糊的可切变性的动态空间。此时，建筑供奉了音乐，而音乐也回馈于建筑。

借音乐谈建筑，不仅是为丰富表达，同时也是一种艺术比较的心理实验自述。如此的体验是令人心醉的——当从那多维交织的"树体"中获见了赏心之果的时候——音乐和建筑的存在方式决定了它们共同具有的空间穿透力，无论对距离、历史，还是人群，因而它们都表现出极强的传播力和公众性，以及在文化象征和传承上深远的影响力。这就是社会生活中出现的音乐、建筑形象会特别引人注目的原因。但是，就当今现实而言，相对那些由空中飘来而又容易随心切换的音乐载体，建筑实体的话题可能会显得更为沉重一些。

（原刊于《世界建筑》2004年7期）

参考文献

1　[德]谢林. 艺术哲学. 魏庆征,译. 北京:中国社会出版社,2005年

2　宗白华. 美学散步. 上海:上海人民出版社,1981年

3　[英]帕瑞克·纽金斯著. 世界建筑艺术史. 顾孟潮,译. 合肥:安徽科学技术出版社,1990年

4　[美]勒·柯布西耶. 模度. 张春彦、邵雪梅,译. 北京:中国建筑工业出版社,2011年

5　罗世平. 情感与符号——康定斯基与抽象主义绘画. 北京:人民美术出版社,1989年

6　[日]五十岚太郎,菅野裕子. 建筑与音乐. 马林,译. 武汉:华中科技大学出版社,2012年

7　赵鑫珊. 音乐与建筑——两种语言的相互转换和音乐解释学. 上海:文汇出版社,2010年

8　[美]哈利·弗朗西斯·茅尔格里夫. 建筑师的大脑——神经科学、创造性和建筑学. 张新,夏文红,译. 北京:电子工业出版社,2011年

9　[俄]康定斯基. 康定斯基论点线面. 罗世平,魏大海,辛丽,译. 北京:中国人民大学出版社,2004年

10　[美]苏珊·朗格. 情感与形式. 刘大基,傅志强,译. 北京:中国社会科学出版社,1986年

11　[英]E.H.贡布里希. 秩序感——装饰艺术的心理学研究. 杨思梁,徐一维,译. 杭州:浙江摄影出版社,1987年

12　赵毅衡选编. 符号学——文学论文集. 天津:百花文艺出版社,2004年

13　郑时龄. 建筑批评学. 北京:中国建筑工业出版社,2002年

14　丁宁. 论建筑场. 北京:中国建筑工业出版社,2010年

15　桑桐. 半音化的历史演进. 上海：上海音乐出版社，2004年

16　[美]罗杰·凯密恩. 听音乐：音乐欣赏教程. 王美珠，译. 北京：世界图书出版出公司，2008年

17　黄汉华. 抽象与原型——音乐符号论. 上海：上海音乐学院出版社，2004年

18　王次昭. 音乐美学新论. 北京：中央音乐学院出版社，2003年

19　张前. 音乐美学教程. 上海：上海音乐出版社，2002年

20　[奥]汉斯立克. 论音乐的美. 杨业治，译. 北京：人民音乐出版社，1980年

21　[日]渡边护. 音乐美的构成. 张前，译. 北京：人民音乐出版社，1998年

22　[美]桑塔耶纳. 美感——美学大纲. 缪灵珠，译. 北京：中国社会科学出版社，1982年

23　[挪]诺伯·舒尔兹. 场所精神——迈向建筑现象学. 施植明，译. 武汉：华中科技大学出版社，2010年

24　[美]鲁道夫·阿恩海姆. 建筑形式的视觉动力. 宁海林，译. 北京：中国建筑工业出版社，2006年

25　南舜熏，辛华泉. 建筑构成. 北京：中国建筑工业出版社，1990年

26　[挪]克里斯蒂安·诺伯格-舒尔茨. 巴洛克建筑. 刘念雄，译. 北京：中国建筑工业出版社，2010年

27　[英]彼得·F.史密斯. 美观的动力学——建筑与审美. 邢晓春，译. 北京：中国建筑工业出版社，2012年

28　托马斯·克里斯坦森编. 剑桥西方音乐理论发展史. 任达敏，译. 上海：上海音乐出版社，2011年

29　张尧均. 隐喻的身体——梅洛·庞蒂身体现象学研究. 杭州：中国美术学院出版社，2006年

30　[古罗马]维特鲁威. 建筑十书. 高履泰，译. 北京：知识产权出版社，2001年

31 ［英］约翰·拜利. 音乐的历史. 张少鹏，译. 广州：希望出版社，2004年

32 ［德］保罗·贝克，［美］亨德里克·威廉·房龙. 音乐简史. 曼叶平，译. 北京：中国友谊出版公司，2005年

33 约瑟夫·韦克斯贝格. 西方音乐史. 王嘉陵，译. 成都：四川大学出版社，1998年

34 ［美］斯蒂芬·戴维斯. 音乐的意义与表现. 宋瑾，柯杨，译. 长沙：湖南文艺出版社，2007年

35 ［法］罗曼·罗兰. 灵魂与呐喊——罗曼·罗兰音乐笔记. 秦传安，王璠，译. 上海：东方出版社，2012年

36 ［英］马修斯. 乐器插图百科. 区吴，译. 太原：希望出版社，2007年

37 ［英］罗伯特·迪尔林. 你不可不知道的世界乐器. 王丽君，何山壮，译. 北京：中国旅游出版社，2007年

38 王敏. 西方音乐厅简史及其近代发展. 清华大学硕士论文. 1997年5月

39 ［英］斯坦利·萨迪主编. 剑桥插图音乐指南. 孟宪福，主译. 济南：山东画报出版社，2002年

40 ［法］贾克·柯达利. 噪音：音乐的政治经济学. 宋素凤，翁桂堂，译. 上海：上海世纪出版集团，2000年

41 李明. 世界著名心理学家勒温. 北京：北京师范大学出版社，2013年

42 ［美］柏西·该丘斯. 音乐的构成. 缪天瑞，译. 北京：人民音乐出版社，1964年

43 李重光. 音乐基础理论. 北京：人民音乐出版社，1962年

44 ［英］亚历山大·沃. 古典音乐——一种新的聆听方法. 朱秋华，译，北京：中国人民大学出版社，2005年

45 项端祈. 演艺建筑——音质设计集成. 北京：中国建筑工业出版社，2003年

46 ［美］鲁道夫·阿恩海姆. 艺术与视知觉. 滕守尧，译. 北京：中国社会科学出版社，1984年

47　张宇,王其亨."建筑是凝固的音乐"探源——提法及实践.北京:世界建筑杂志社,2011年

48　王庆.钢琴音乐织体的结构力和风格研究.上海:上海音乐出版社,2016年

49　项秉仁.赖特.北京:中国建筑工业出版社,1992年

50　[美]茅尔格里夫.建筑师的大脑.张新,夏文红,译.北京:电子工业出版社,2011年

51　[法]迪布欧.巴赫——世人称颂的乐长.刘君强,蔡鸿滨,译.上海:上海译文出版社,2002年

52　[美]C.亚历山大.建筑的永恒之道.赵冰,译.冯继忠,校.北京:中国建筑工业出版社,1989年

图书在版编目（CIP）数据

凝动之间：建筑与音乐 = Freezing vs Flowing ／ 王亦民著.
— 杭州：浙江大学出版社，2019.2（2020.2重印）
ISBN 978-7-308-18959-0

Ⅰ．①凝…　Ⅱ．①王…　Ⅲ．①建筑艺术－关系－音乐
Ⅳ．①TU-854

中国版本图书馆CIP数据核字（2019）第019325号

凝动之间：建筑与音乐

王亦民　著

策划编辑	王　镨
责任编辑	王　镨
责任校对	汪淑芳
封面设计	程　晨
出版发行	浙江大学出版社
	（杭州市天目山路148号　邮政编码310007）
	（网址：http://www.zjupress.com）
排　版	杭州兴邦电子印务有限公司
印　刷	浙江新华印刷技术有限公司
开　本	787mm×1092mm　1/16
印　张	12.75
插　页	4
字　数	174千
版 印 次	2019年2月第1版　2020年2月第2次印刷
书　号	ISBN 978-7-308-18959-0
定　价	60.00元